獣医業60年

動物病院119番
感謝

兵藤哲夫

「3. 11」あれから10年。
小さな命を救うため
多くのボランティアが現地入りした。
その熱い思いが国を動かし
同行避難の道を開かせた。

福島入りする筆者

捕獲活動

NAPAJ -VRW
(OPN)
動物輸送

ゲージへ捕獲

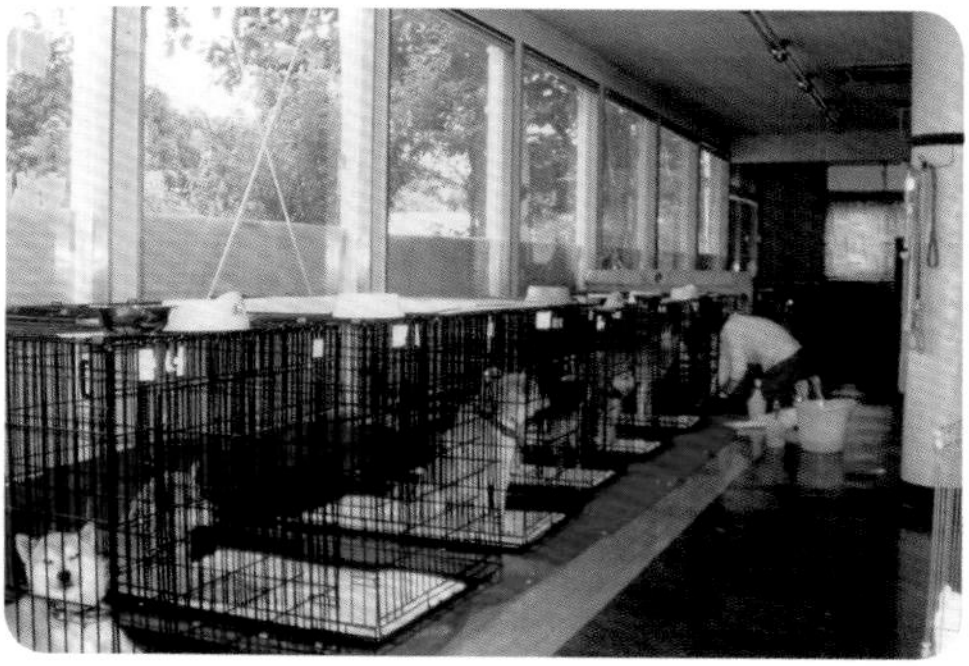

シェルター

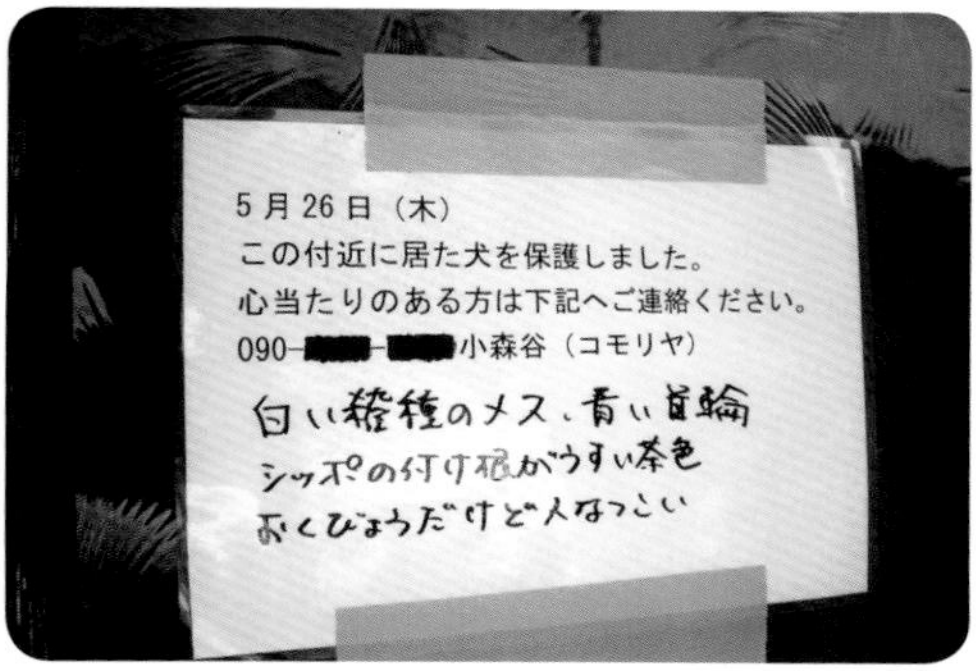
5月26日（木）
この付近に居た犬を保護しました。
心当たりのある方は下記へご連絡ください。
090-[redacted]小森谷（コモリヤ）
白い雑種のメス、青い首輪
シッポの付け根がうすい茶色
おくびょうだけど人なつこい

捜索の張り紙

シェルターから散歩

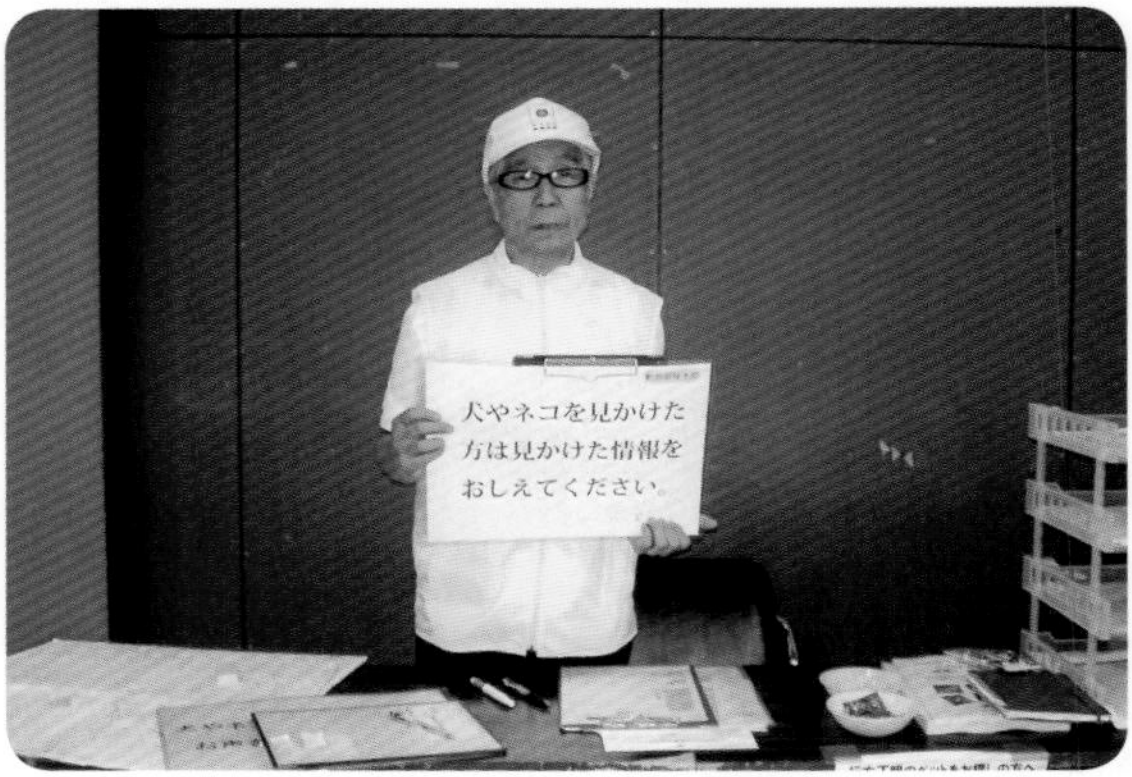

置き去りペットの捜索

動物福祉に貢献された馬場国敏先生（2017年11月にご逝去、合掌）

馬場先生の著書「さくら」

目次

※本書は、「PETS REVIEW」（野生社）掲載の2011〜18年の記事を中心にまとめました。表記、肩書等は原則、掲載時のままです。

編集……柿川 鮎子

第一章　診察室の窓から

開業以来約60年、診察室の窓から見る風景も様変わりしています。
獣医を志した昔から今までを振り返ってみました。

獣医を志した頃

獣医さんになりたかった！

私が職業として獣医を意識するようになったのは、小学校3、4年頃です。静岡県袋井市の自宅でトムという雑種犬を飼っていました。トムはいい番犬でしたが、人見知りをする社会性のない犬で、自宅の塀の向こうを通る人に吠えていたので、周りの人からはあまり良く思われていなかったのです。それでも私にとっては大切な家族でした。

どうして犬や猫を好きになったのか、その大きな理由のひとつは、発音障害があったからだと思います。不安だったり、緊張したりするとうまく話すことができない状態が、小学校から高校まで続きました。話すのは難しくても、不思議なことに、歌は歌えるのです。

私の家族は父が会社勤めで、母は子ども相手の駄菓子屋を経営していました。店は忙しくて、子どもの面倒を見ることができず、毎朝、乳母に預けられました。母は閉店後、夕方に私を連れて帰る生活でした。その乳母が非常に早口で、吃音障害を持っていたので、幼い私はその影響を受けたのでしょう。

小学校は高学年になると音読の授業があり、自分に順番が回ってくると、緊張のため発音できなくなります。それをクラスの友だちにひどく笑われました。単純に、私の変な読み方が面白くて笑うのでしょうが、笑われた当人はひどく落ち込みます。親や兄弟に辛いと訴えても「そんなことがあったのね」という程度で片付けられてしまうのです。

傷つき、悲しみを抱く私に、トムは優しく寄り添ってくれました。学校で笑われて帰ってきた私に対して、喜びを体いっぱいに表現し、顔をべろべろ舐めて迎えてくれました。毎日、毎日、まるで初めて出会った親友のように歓迎して、喜びの態度で迎えてくれるのです。その姿に慰められ、心の癒やしとなっていました。

母親は近所の猫に餌を与えるような動物好きでしたが、やってくる猫も、私に対してごく自然な態度で接してくれます。犬や猫は、飼い主の肩書、学校での成績に関係なく付き合ってくれるのだ、ということを感じました

トムの死が獣医を目指すきっかけに

大好きなトムが5、6歳の時、ひどい咳をして、血を吐いて亡くなりました。当時の

私の住んでいた町では、犬や猫を診療する病院はなく(もしかすると家畜の医者はいたのかも)、苦しむトムに何もできなかったのです。亡くなったトムの亡骸を埋めた時の悲しい光景は、今でも忘れられません。

そして次第に「獣医になってトムのような犬や猫を助けたい」という気持ちが芽生えていったのです。

勉強は好きな方ではなかったのですが、袋井市の中学を卒業した後は隣市の進学校、掛川西高校に入学しました。入学と同時に生物部に入り、三島市内にあった国立遺伝学研究所から実験用の大型のネズミを貰ってきて、迷路実験ばかりしていました。

迷路を作って、餌を最終目的地点に置き、ネズミがどういう道筋で、何分くらいで迷わずに目的地に到達するかという実験です。高校3年間、1年356日、一度も餌やりを欠かさず、飼育していました。

部室でネズミを飼育していると、仲間から「臭い」とクレームがつきました。そこで私は校長に直訴して、物置小屋をひとつ、ネズミ小屋として提供してもらったのです。

校長は「高校生が学校でネズミを飼っているとはいかがなものか」と理解してくれなかったので、私は「それでは、高校生が野球のバットを持っているのはどうなのか。

野球は良くて、ネズミを飼うことは駄目な理由を教えてください」と必死で反論し、どうにかネズミ小屋をゲットすることできました。

高校の夏休み期間は、浜松市内の動物園に通って無給で動物の世話をしたこともあります。姉が栄養士で、静岡県の保健所に勤務しており、保健所勤務の獣医さんから浜松市動物園を紹介していただきました。飼育員の後にくっついて、餌を与えたり、ラクダの飼育舎の掃除などを手伝ったのは楽しい思い出です。後に獣医大学への入学手続きをする時、大して成績は良くなかったのですが、学校推薦を得て、麻布獣医科大学に入学しました。

驚いたことに、大学に入学してしばらくしたら、発音障害はいつの間にか治っていました。中学時代は学校で友だちに発音を笑われるのが嫌で、治すための矯正学校に通うなど必死でした。矯正学校に通って治して家に帰り、しばらくすると戻ってしまいます。ずいぶん悩んだものです。それが、大学入学をきっかけに消えていました。

獣医武者修行時代の思い出

私が獣医になろうと思った最初のきっかけは愛犬トムの死です。最初、血を吐いた時、家族は誰かに毒を飲まされたのではないかと疑いました。動物病院などない時代です。私は自分でトムの死を調べるために図書館で本を借り、トムの死がフィラリア症であったことを突き止めました。

そして、周りを見渡すと、近所にいる犬もみんなフィラリア症で亡くなっていました。肝臓を侵されてお腹に水を溜めていたり、痩せ衰えてトボトボ歩く犬など、可哀想な姿の犬がたくさんいました。私はトムの敵を討ち、こうした可哀想な犬たちのためにも、秘かに獣医師になる決心をしました。

２０１５年のノーベル生理学・医学賞は北里大学特別栄誉教授の大村智氏が受賞しました。受賞理由は「寄生虫による感染病に対する新しい治療法の発見」です。私にとっては特に犬のフィラリア予防薬を開発してくれた先生として、尊敬する研究者です。フィラリアという病気がきっかけで獣医を目指した私にとっては、何か不思議なご縁を感じるようなノーベル賞で、受賞のお知らせを聞いた時は本当に嬉しく、小躍りして喜んだものです。

落書きして提出した答案用紙

高校時代に浜松市動物園の獣医さんと親しくなり、「麻布獣医科大学（当時）を卒業したら、ぜひうちに来い」と誘われたので、地方公務員採用試験を受けました。しかし、当時の試験は獣医療とまったく関係のないものばかりで、さっぱりわかりません。書くことがないので、答案用紙の脇に落書きをして出したら、呼び出されて叱られてしまいました。「怒られたら採用してくれるのかな」と期待したのに、見事に不採用でした。

姉が静岡県の栄養士の仕事をしていたので、県の保健所の採用試験を受け直し、合格通知を得て、保健所に勤務することになりました。当時、保健所の獣医の仕事は犬の殺処分が中心でした。犬を生かすために勉強してきた私が、犬を殺す仕事をしている矛盾を強く感じました。獣医を志した小学生時代の初心に帰って、保健所を退職し、横浜で開業していた藤井勇先生の下に弟子入りしました。

藤井先生はフィラリア症の研究に熱心に取り組んでおられました。血中にいるミクロフィラリアはアンチモンという薬で、心臓に入ってしまったフィラリアにはヒ素を静脈に注射しなければなりません。昔の犬は今のように大人しくないので、ヒ素が静脈から漏れると、翌日には脚が丸太のように腫れ上がり酷い痛みを訴えて壊死してしまいます。これを防ぐためには犬をしっかりと保定をする必要がありました。この保定は私たち弟子の仕事です。このとき身に付けた保定の技術は後に大変役立ちました。

当時はフィラリアの成虫をヒ素で殺しても、虫の死骸が肺で引っかかり、犬を長生きさせることができません。一方で山羊の薬でスパトニンという薬があり、この薬はフィラリアが心臓に来る前に殺してくれます。長生きできるようにはなりましたが、毎日服用しなければならない、煩わしさがありました。

私たちの若い頃はほとんどが独学で解剖もよくやりましたが、フィラリアで死んだ犬を開腹すると、後大静脈にフィラリアが大量に突き刺さっているのを発見しました。これは日本で初めての発見として、学会誌にも発表しました。

ノーベル賞を受賞した大村先生が１９７０年代に伊豆のゴルフ場から発見したのが、駆虫薬「イベルメクチン」の基となる菌でした。アメリカの大手製薬会社のメルク社と協同研究開発の結果、１９８１年にはフィラリアの治療薬として、私たちの手元に届くことになりました。実は人間向けよりも動物向けの方が実用化は早かったのです。私の敵であったフィラリア症の完治が、この薬によって実現することになったのです。

犬の飼育頭数が増えるに従い、ペットのための病院も全国に広がり、同時にフィラリア症の特効薬として「イベルメクチン」も大量に消費されることになりました。

この予防薬は高価ではありましたが、日本には経済力がありましたから、多くの犬を救い、飼い主を喜ばせただけでなく、製薬会社、販売会社、もちろん私たち獣医師も恩恵を受けました。

メルク社はこの莫大な利益を社会に還元するため、アフリカなどの途上国の人たちへ同薬を無償で投与し、年間4万人の失明を防いでいるのです。日本を始めとする世界の愛犬家が支払った薬代が、立派に役立っているのは、本当にありがたく、ぜひ多くの人に知っていただきたいと思います。

開業当初の苦労

私は大学卒業式の次の日、3月21日に結婚式を挙げました。両親が「学生の分際で、結婚とは何事か」と反対したので、「それでは卒業の次の日に結婚します」とやったのです。保健所への就職も決まり、社会人の第一歩を踏み出した卒業式の翌日でした。

その後、保健所を退職して、開業を目指すために先輩の動物病院で修業しました。修行して1年が経ち、いよいよ開業の相談をしたところ、「独立するのはいいけれど、うちの病院の近くでは競合相手になるから、遠くの誰もいないところで開業してほしい」というので、昭和38年に横浜市瀬谷区で開業しました。

当時の瀬谷区は横浜市の片田舎で、動物病院は、ひとつ向こうの二俣川駅近くに1軒あるだけで、そこから海老名まで動物病院はなかったのです。

飼い主も少なく、生活もままならないので、開業と同時に高校の講師として生物を教えていたりしました。今では考えられませんが、子どもたちと犬の解剖実験をし、動物園へ引率するなど、講師という自由な身を生かして、大胆にやらせてもらいました。

開業した翌年の39年に東京オリンピックが開催され、新幹線が走り、東京タワーが建ち、日本の高度経済成長の頂点という時代でした。

昭和38年頃は、犬は雑種ばかりで、動物病院にペットを連れてくる人は本当に少なかったのですが、ペットショップのアサヒペットが開業しました。経営者の太田さんは、ショップで販売する犬や猫の健康管理に手を焼いていたので、特に感染症の分野で協力することになりました。

開業してしばらくは助手を雇う資金もなかったので、動物には素人の妻が助手を務めていました。仕事、家事、育児で本当に大変だったと思います。お腹が大きいのに手術の助手をしたり、たらいや洗面器にお湯を入れて犬を洗ったりして手伝ってもらいました。

私が学校で講師の仕事をしている時に、飼主さんがペットを連れてやってくると、助手の妻は「主人は今に帰ってきますから」と、犬の体温を測ったり、世間話をしたりして、飼主さんを病院で待たせてくれました。

そんな状態で瀬谷区に開業して3年後辺りから、高校の講師を辞めて獣医業だけで食べていけるような経済状況になってきました。とはいえ、6畳ひと間からもうひと間借りることができる程度です。

現在本院のある二俣川に借金をして病院を建設し、同級生をひとり、助手として採用しました。

振り返ると食べられない時代からスタートさせた苦労はあったものの、とても貴重な体験を得ることができました。どんな厳しい状況でも、逃げ出さない、歯を食いしばってしがみつくような、強い根性を育てることができました。

当時、ある産婦人科のお医者さんが、ドーベルマンの様子がおかしいといって来院されたことがありました。あいにく私が不在で、そのお医者さんはほかの動物病院へ行ってしまったのです。それがたいへん口惜しかったのを今でも覚えています。お医者さんに迷惑をかけたのも申し訳なくて、以来、一日も病院を休んだことはありません。現役時代の60年間は、病気で寝たこともないし、風邪でも動いている間になぜか治ってしまいました。

日本動物福祉協会への参加

病院のある二俣川周辺は農家が多く、あちこちに自然のままの雑木林がありました。

今から60年前は動物愛護という意識は希薄で「動物福祉」などまったく認知されていない状況でした。産まれた犬をダンボール箱に入れて、この雑木林へ捨てる人も多かったのです。捨てられた子犬のすべてを救うことは不可能ですが、1頭でもいいから、飼い主さんに紹介して、幸せになってほしい。獣医師としてそうした仕事を、率先してやるべきだと強く感じていました。

初めの頃は、預かり室で子犬を飼育し、健康状態を確認してから「この犬を貰ってくれませんか」という看板を出して、里親を探していました。しかし、ひとりでやるのは限界があります。

「組織的にやった方がもっと救える命が増えるのではないか」と考えて探したところ、犬の不妊手術の巡回バスで全国を回っていた社団法人日本動物福祉協会（56年日本動物愛護協会から独立、57年社団法人認可）と出会いました。

当時の愛護団体は1948年、日・英・米の有志代表によって設立された財団法人（当時）日本動物愛護協会が最も古く、動物病院も併設されていました。

たまたま日本動物福祉協会の巡回バスが私の病院のある地域の保健所に来て、バスの中で犬の不妊手術をしていたのです。私はそれを見学して、「なんと素晴らしいことをやっているのか」と感銘を受けて、個人で入会しました。初めて総会に出席すると、外国人も多く、日本の理事さんやご婦人が流暢な英語で会話しており、何やら違う社会に迷い込んだような気分だった記憶があります。

地元の協力を得て初の本格的な譲渡会をスタート

入会した2年後の昭和50年（1975年）、地元の有志を集めて日本動物福祉協会の横浜支部を設立しました。以来、兵藤動物病院本院は横浜支部の拠点として活動しています。

当時は捨て犬・捨て猫が多く、なるべく多くの人々にアピールできる場所を探していました。すると横浜市旭区の西友ストアが協力してくれることになったのです。

西友では当時、販売促進の一環として、店の前に小さな遊園地を作り、ポニーやサラブレッドを飼って、無料で子どもたちを乗せていました。馬の世話は販促部の人たちがしていたのですが、馬に関する専門の知識はなく、世話が負担になっていました。

実は私は大学時代に馬術部に所属していたほどの馬好きです。買い物のたびに馬に触れ合ううちに、販促部の人から「誰か馬を世話してくれる人はいませんか」と声をかけられました。そこで、横浜乗馬クラブで一緒だった女性を紹介し、西友で馬の世話をするようになったのです。

私も主婦を集めた朝の乗馬教室の講師を引き受けるなど、西友で楽しく馬の活動をしていました。その縁で、犬の里親探しの件を相談したら、二つ返事で承諾していただけたのです。ストアの前の場所と机、椅子、掲示板を提供してもらい、館内放送までやってもらって、毎月1回の「里親会」をスタートさせることになりました。

譲渡会は場所を移して今、兵藤動物病院本院で開催しています。

横浜支部での活動は全国のモデルケースとしても注目された

診察・往診に関する今昔物語

昭和38年（1963年）の開業直後は、犬を病院に連れていくなんて考えられない時代でもありましたが、少しずつ社会が豊かになるにつれて、ペットに対する意識や理解が深まっていきました。

獣医師の社会的なステータスも高まり、ペット業界を目指す人も増え、私にも講演やマスコミ出演の依頼が寄せられるようになりました。

そんな折、ペット関連の学校から講師の依頼が来たのです。その学校は駅から近い場所にあるのですが、街のメインストリートから少し離れた雑多な地域にありました。周囲には一杯飲み屋など、戦後を思わせる雰囲気が残り、なんと隣にストリップ劇場がありました。今は町も整備されて美しくなりましたが、淫猥な雰囲気を残す場所でした。

時代が変われば人の気質も変わるものでしょうか。動物病院に来院する飼い主さんも随分変わりました。むくつけき大男が可愛らしい小型犬や子猫を連れてくる。昔の男性は動物を飼うことへの理解のない人が多かったように思うのですが、現在は違います。

また、昔はペットの治療費を認めない父親に内緒で、母親と子どもが来院することも多かった。子どもたちがお小遣いを握りしめてやってくる状況では、高い診察料を請求するのは難しかったのです。

今はペットは家族という考えが浸透し、動物医療への理解が深まってくれたのはありがたいことです。待合室に来てくれた飼主さんを見ると、嬉しい時代の変化を感じます。

ペット供養のスタート

ペットを病気から守るという理想を掲げていても、薬石の効なく命を落とすペットもいます。

兵藤動物病院の開業当時はペットの数も少なかったので、横浜市の市営墓地にペットを埋葬する人もいました。市営墓地には、通称〝お茶屋さん〟と呼ばれる業者がいて、ペットのお墓の管理と、お参りに来た人たちが墓にあげる水やお花を世話していました。しかし、ペット用墓地の面積は限られており、ペットの骨が地表に出るほど増え続けてしまって、問題になったことがありました。

私も開業当初から、ペットの冥福を祈る場所が欲しいという相談を受けることが多く、ペットの葬儀に立ち会ったり、お寺にペットの供養施設を造ってもらったこともありました。

往診先でたまたま妙蓮寺(横浜市旭区)の住職さんに会った時、「ペットが死んで手を合わせる所がないから、おたくのお寺にお経をあげて供養できるような施設を造ってもらえないだろうか」と直訴したのです。住職は「よし、すぐ造ろう」と快く引き受けてくれて、妙蓮寺の境内に納骨堂を建立してくれました。現在は、よこはま動物葬儀センター(横浜市瀬谷区)が納骨堂を管理し、ペットの葬儀を行っています。

よこはま動物葬儀センターの設立は、私が高校の同級生に呼びかけて実現しました。メーカーに勤務していた同級生が横浜に来た時、「ペットが死んでも手を合わせる所がないので、飼い主さんたちが困っている。ペットの葬儀業をやらないか」と話したら、彼は、「脱サラして、やる」と引き受けてくれたのです。仕事を始めてしばらくは軌道に乗らず、苦労しましたが、なんとか頑張って、現在に至ります。

妙蓮寺の納骨堂には、現在約7千体が納骨され、火葬場の経営も今年で約60年となりました。石原裕次郎の墓がある横浜市鶴見区の総持寺で、ペットの慰霊祭を盛大に行ったこともあります。ペットへの意識が高まるにつれ、ペット葬儀業の全国組織が発足するなど、さまざまなペット関連事業がスタートしています。次世代のペット産業を、読者のあなたが創る日が来るかもしれません。

無料でもらった不思議な回数券

私が昭和38年に「兵藤動物病院」を開業してから、約60年、当時の横浜には日本中から人やモノが集まり、近所には米軍基地まである、多種多彩な人やモノが集まる雑多な土地柄でした。当時、血統書の付いているような犬猫を飼える人は限られており、もちろん飼っている人も経済的に恵まれた人ばかりでした。個性の強い人が多く、私もさまざまな飼い主さんと出会いました。

今はなき反社会的勢力の方々の自宅へ往診に行ったこともあります。ズラリと左右に若衆を従えて威厳に満ちた態度で立つ男に迎えられ、玄関に一歩足を踏み入れた時は「もし、ここで私が犬を治せなかったら、スマキで横浜港に沈められるのでは」と覚悟したものです。

しかし、しばらく付き合うと大変犬思いのやさしい人物で、「先生も嫌いじゃァないだろ」と、なぜかストリップ小屋の無料回数券を頂戴しました。

獣医師は動物を治療することが仕事ですが、それ以上に、ペットを通じてさまざまな飼い主さんと出会い、貴重な体験ができる職業でもあります。そこで学んだのは、人間的な器を大きくして飼い主から信用されなければ、そのペットである犬猫を治療し、救うことはできないという現実でした。社会を知らない新米獣医師を、ここまで育ててくれた飼主さんたちには感謝しかありません。

スマホも検査機器もない時代の獣医療

新しもの好きなので、携帯電話もずいぶん早くから取り入れていました。当時は移動電話とか自動車電話という名前で、大きく重たい鞄に受話器が付いているような機械でした。通信装置と蓄電池を一緒に肩にかけて持ち歩き、中継設備も少なかったので、通信範囲も限定的でした。それでも当時としては、画期的な文明の利器で、特に犬の出産など一刻を争うような時には便利でした。

昔は、血統書のある犬の飼い主は必ず子犬を産ませていました。今、私たちは「子犬を産ませないのであれば、不妊手術をした方が乳癌や子宮の病気も防げますよ」と、病気予防の観点からも避妊・去勢手術を勧めています。

以前視察に行ったヨーロッパでは「犬は人間が管理できるので不妊手術はしない。猫は管理が難しいのでする」といわれて、国や文化、風習の違いに驚いたことがあります。

動物病院もブリーダーさんの犬を診ているところは別として、普通の病院では出産に立ち会い、帝王切開をする機会もなくなったので、若い獣医師たちには「どういう状態で生まれてきて、それにどう対処すればいいか」がわからない場合が多いのです。

私たち世代は存分に出産体験をしているので、子宮収縮剤（促進剤）をどの場面で打てばいいのか、打てばどういう弊害があるのか、何分おきに生まれてこなければいけないか、などは実地で学ぶことができました。

検査機械も少なく、多くの獣医さんは触診で妊娠の進行状態を診断していました。1ヵ月以前の胎児は触診でもよくわかる。触ってみるとまだかたい。1ヵ月過ぎると、羊膜に羊水がたまって、触ってもぶよぶよしてわかりにくくなるのです。こうした技術をわれわれはしっかり身に着けることができました。

まさに五感を使っての診療で、目で見たり、音を聞いたり、匂いをかいだり、触ったりしながら、ひとつずつ洞察力を備えていったのです。出産に立ち会う仕事は、命の誕生という意味でも、実にエキサイティングで感動的な仕事です。

今は、妊娠したかどうかは生後25〜30日くらいすると超音波で判断できます。犬の妊娠期間は約63日なので、その1週間くらい前にレントゲン写真を撮ると胎児の骨が映り、何匹の赤ちゃんがいるかがわかります。母胎の健康状態を把握するための血液検査機械も普及しているので、安心です。

しかし、機械に頼り過ぎると、犬が死にそうな場合でも、血液検査では正常数値が出ることも少なくありません。実地経験の乏しい若い獣医師には、まず犬を診て、どういう症状でどういう病気なのか当たりをつけてから機械の検査をするように指導しています。機械の数字だけ見て「大丈夫です、正常です」といっても、飼い主のところに帰ってから危篤状態になることもあるからです。

最近は人間の医者も機械検査の数字だけを追う傾向があるので、犬の飼い主も検査の数値を見せないと納得しない人が増えました。若い獣医師は目や耳など自らの感覚を使った診察をもっと大事にすべきだと思います。

都心部の動物病院ほど往診を断っている例が多いのですが、獣医さんにとって往診はとても貴重な体験となります。往診に行って、住環境、家族構成、食事の内容などがわかれば、動物がどんな病気にかかったかも概ね予測できるからです。

また、往診宅で世間話をしながら、飼育環境を聞くと、病気の原因となる習慣を見つけることも多いのです。通院してくる飼い主さんよりは深いコミュニケーションを取ることが可能なので、医療費の相談もしやすく、また信頼関係を築くこともでき、獣医師と飼い主の双方にとってメリットがあります。

　最近は動物病院の数が増え、ほぼ半径2キロ圏内に動物病院がある時代になり、また自家用車の普及で、少し遠くても車で通院という人が増えたため、往診を頼む人も少なくなったのは残念です。

長嶺ヤス子さんより

学校飼育動物に対する提案

今、学校飼育動物はウサギが中心ですが、学校犬の導入はいかがでしょうか。身近な動物なので親御さんたちからの理解も得やすいでしょうし、生徒との交流も問題はないでしょう。休みの日にわざわざ登校しなくても、交代で生徒の家庭で世話をするのも良いでしょう。

学校犬は飼えなくなった犬をトレーニングして、ドッグトレーナーなどの専門家の認定を受けさせます。コスト面でもいろいろな協賛が得られると思います。

学校で動物を飼育することは、子どもたちにとって大変大きな意義があると私は思います。飼育方法や世話の仕方、動物の習性を学び、友だちとの協力や責任感を養い、生命の尊さを実感するという、とても重要な学びの場となります。

特に教育現場の難しさが叫ばれている中、私は犬が学校に入ることによって、学校飼育の状況は一変し、学校が開かれた場になると考えます。今まで以上に情操教育としての目的を果たせることは間違いないでしょう。

学校飼育動物の課題

私は動物福祉協会横浜支部の愛護活動と同時に、地域の動物飼育環境の向上を目指した活動も行っています。横浜市獣医師会の学校飼育動物に関する委員を担当して、横浜市教育委員会とも連携し、各小学校にいる動物たちの飼育環境の改善と、ペットを通じた子どもの情操教育を行ってきました。

各小学校の担当の先生方を集めてもらい、飼育の仕方や動物たちの生理や行動学についての研修会を行います。先生方からは3校ほどの実践活動を報告していただいて、それにアドバイスやコメントをします。また、獣医師会の会員が各小学校に訪問して生徒たちに、その動物に合った飼育法などをレクチャーします。その内容は主に適切な給餌法や触り方、掃除の仕方などです。

ウサギの去勢や不妊手術も獣医師会に所属している開業医が各々の病院で実施します。これはウサギが増え過ぎて問題になった経験からで、これらの予算は市教育委員会から出ますが、充分でないところは獣医さんのボランティアになります。動物が亡くなるとペット火葬霊園協会が遺体を学校まで取りに来てくれて、供養までしてくれるというサービスも行っています。

かなり手厚い協力態勢ですが、残念ながら充分に教育効果が上がっていない学校もあります。劣悪な飼育環境では、かえって子どもに悪影響を与えてしまいます。ウサギ、ニワトリ、小鳥が大半ですが、鳥インフルエンザの発生騒動による無理解から、ニワトリ（チャボ）など鳥類は飼育数が減っています。現在はウサギが主流ですが、避妊・去勢の手間もかかります。

大きな問題は飼育担当の先生方の経験不足です。あまりにも動物が苦手という先生が多過ぎます。教師になるまで動物を飼った事も、触った事すらないので当たり前のことですが、ウサギの抱え方や、与えてよい食べ物、かかりやすい病気、繁殖、傷の手当てなどの必要な知識を持ち合わせていないのです。

たとえばウサギは繊維質の食事をたくさん取る必要があり、牧草をたくさん食べないといけません。それを知らない学校の先生たちは、犬や猫と同じようにペレットばかり与えてしまうのです。

人の問題だけではありません。予算についても充分ではなく、毎日の餌、風よけ日よけの維持管理、健康診断や病気になった時の予算の有無など、今は各校で基準もなく、バラバラな状態です。

しかし、学校の先生ばかりを責めることはできません。先生たちは授業、部活、課外授業、進路指導、生活指導、ＰＴＡなど毎日忙しく、十分に動物と関わる時間がありません。毎日の世話の負担を軽減するための見直しが必要です。たとえばＰＴＡやＰＴＡのＯＢ、老人会など、理解のある地域の人と連携して、学校飼育動物の世話をする態勢を整える必要があると考えています。

少なくとも動物にあまり関心のない先生に、飼育動物を押し付けるようなことは避けるべきです。動物にとっても人にとっても不幸です。動物に対する愛情を持った人が、動物たちに良い飼育環境を与えることで、子どもたちに命の大切さや生きることの意義を教えることができます。

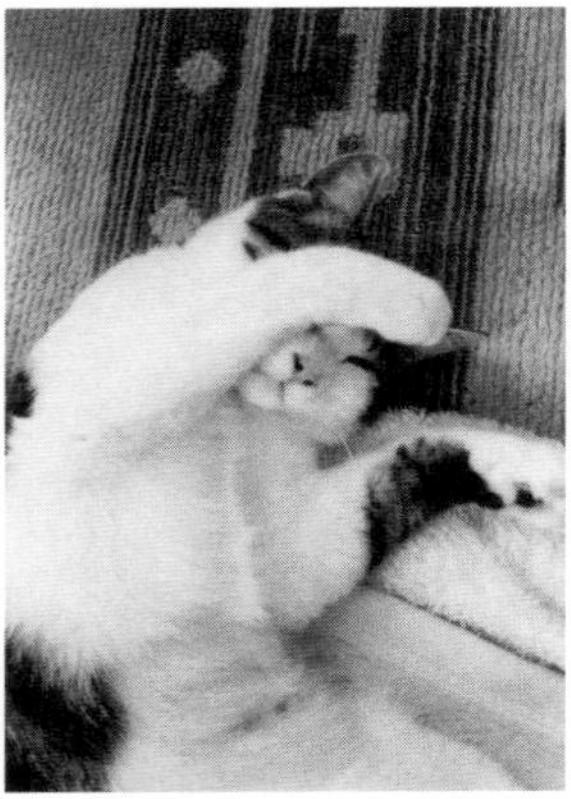

ちょっとまぶしいの

自然災害大国日本のペット飼育を考える

２０２０年7月、豪雨により九州など全国各地で河川が氾濫し、土砂災害による被害が相次ぎました。阪神・淡路大震災、東日本大震災と大きな震災が続き、次は75％の発生確率で関東にも大規模地震が発生する恐れがあると発表されています。

被災地支援の体験から

動物福祉活動に関わって、最初に本格的に自然災害の現場で体験したペットの救災活動は、１９８６年11月に起きた伊豆大島の三原山噴火の時でした。全住民が島からの避難を余儀なくされた、大きな自然災害でした。

噴火後、私は、日本動物福祉協会から現地の状況を視察する指示を受け、１泊の日程で大島に派遣されました。島に残されたペットの多くは犬でした。

当時は、住民が避難のために船に乗り込む際はペットの同行禁止ということになっていたようです。しかし、家族同然の犬を連れて乗船しようとした人もいました。船員の判断で、「ペットを島に置いていかないと船に乗せない」という人と、「乗れ」という船員がいて、意見が二つに分かれました。結局、飼い主の強い希望が通って、同行が認められたという経緯があったと聞いています。

連れてきた犬については、東京の避難所で世話をしました。私にとっては、非常に印象深い体験となりました。

当時、大島には大型犬も多かったのですが、連れていくことができず、島に取り残されてしまいました。東京都動物管理センター本部の係員が、ペットフードを大量に積み込んだ船に乗って大島に渡り、残された犬たちにドライフードを主体に与えました。猫用にキャットフードを用意しましたが、ほかに、ウサギや小鳥もいて、そちらには餌を持参することができず、救災動物活動の上での大きな反省点のひとつになりました。

島の明細地図がなかったことも、救護活動を困難にさせました。今はGPSで地図が手に入り、スマホでどこでも行けますが、地図がないとお手上げです。

代々島で生活している人ならわかるのでしょうが、救護に来た私たちは犬の登録台帳から、犬のいる家の住所を知ることができても、それが島のどこに当たるのか、見当がつかないのです。大島の役所の人がひとりかふたり、残っていたので案内を頼みましたが、思い通りには回り切れず、悔しい思いをしました。

阪神・淡路大震災での取り組み

伊豆大島・三原山噴火の次に体験した救済動物活動は、1995年1月に起きた阪神・淡路大震災でした。各地の獣医師会に要請があり、私は横浜市獣医師会から派遣されたメンバーのひとりとして救援に行きました。現地で1週間、ペットの救災活動に携わったのですが、この時、横浜市獣医師会は実に整然とした協力態勢を取り、ひとり1週間交代で、数ヵ月にもわたって獣医師を派遣して救護活動を行ったのです。

もちろん、大阪の獣医師会も同じだったのですが、何日から何日まできちっと日程を決めて、確実に人員を送り込む態勢を整えた見事な救援活動として、後にいろいろな場面で評価していただくことができました。横浜市獣医師会が交代で派遣した獣医師は約20名ほどでしたが、大半は研修医で、動物病院のオーナー獣医師は私だけでした。

阪神・淡路大震災の時は、家を離れた犬や猫が誰の所有物かがまったくわからなくて、混乱をしました。全国から動物愛護団体と称する団体が被災地にどんどん入って、浮浪、放浪している犬や猫を、片っ端から持ち帰ってしまった事件もありました。

マイクロチップが入っていれば飼い主がすぐわかります。導入が必須であったにもかかわらず、その経験は２０１１年３月に起きた東日本大震災で、活かすことはできなかったのです。

東日本大震災では防護服を着用し、被曝量を測定した

ペットの災害支援で痛感したマイクロチップの重要性

マイクロチップが入っていて、飼い主さえわかれば、現地にシェルターを作らなくてもよいのです。近隣の動物病院の協力を得て預かりができれば、救護活動の負担は軽減できます。

２０１９年に動物愛護法が改正されて、マイクロチップの義務付けが決まりました。犬や猫の販売業者に対し、マイクロチップの装着と所有者情報の登録を課しています。また、登録された犬猫を購入した飼い主には、情報変更の届け出を義務付けるほか、すでに飼っている人には、装着の努力義務を課すことが決まりました。

実はこの改定の10年以上も前に、犬の登録を一生に1回にするという歴史的な法改正がありました。今では当たり前ですが、その前までは毎年登録して、毎年予防注射をする義務がありました。

この法律改正に当たって、所管する厚生省（現厚生労働省）から、「登録は鑑札の代わりにマイクロチップではどうでしょうか」という打診が（社）日本獣医師会にあったよ

うな話を、昔、関係者から聞きました。

当時はマイクロチップに関する意識が全般に低く、獣医師会も受け入れる用意がなかったため、導入までには至りませんでした。

私はこの時にきちんと対応できていれば、マイクロチップの導入はもっと早い時期に実現していたと思っています。マイクロチップ導入の最初のチャンスが見送られたのは残念でなりません。

当時、犬の体の中にあんな異物を入れたら、大変な苦痛を与えるのではないか、という世間一般のアレルギー感情や、先入観が相当強く、愛犬家や動物愛護家たちの抵抗が強かったように記憶しています。

最近は開業している獣医さんの間でも、施術を通して違和感がないと理解されるようになりました。動物は、私たちが思っていたほど反応しないし、痛みも感じません。

比較的太い注射器にマイクロチップを入れて皮下に入れるのですが、意外に反応はなく、私も自分の犬に入れましたが、自然に受け入れています。

東日本大震災の被災地・石巻の民間のシェルターから「保護した動物にマイクロチップを入れたいのだが、マイクロチップ自体が品不足で入ってこなかった、兵藤さん、力を貸してくれませんか?」と頼まれたことがあります。

私は昔から出入りしている問屋さんに、とにかく何本でもいいから揃い次第ください と頼みました。たいへんな品薄で「これしか集まりません」といわれて受け取った約40本を被災地に送りました。さらに頼まれたメーカー以外のマイクロチップも取り寄せて、現地で活動していた獣医さんに提供した記憶があります。

なぜ猫にマイクロチップが難しいのか

今回の法律改定でも、飼い主さんから「なぜマイクロチップは犬だけなのですか? 猫は入れないのですか?」と聞かれることがあります。

業界の関係者の中にも、法制化するのだったら猫にも入れるべきだという意見もありますが、現実問題として、飼い主不明の猫が非常に多いため、義務化は難しくなっています。

チップを挿入する猫とそうでない猫がいたとして、挿入しない野良猫はすべて殺処分するのか、という議論が出てきてしまいます。

現状でたくさんの野良猫が外で暮らしている間は、導入は不可能です。全国の自治体も、殺処分ゼロが目標なので、受け入れにくいという現状もあります。殺処分ゼロは良いことですし、処分しない方がいいに決まっていますが、現実的に、産んで増え続ける野良猫についての解決方法は、不妊手術を無料で実施することしかありません。

　マイクロチップの挿入は、取りあえずは犬だけ。効果が社会的に認められたら、当然猫へも導入、という流れになるでしょう。その段階で、猫への導入に関する課題を検討したらいいと思っています。

　２０１９年度の法改正で流通過程で犬猫はマイクロチップを挿入することが義務付けられました。今現在飼われている犬猫は努力義務になります。

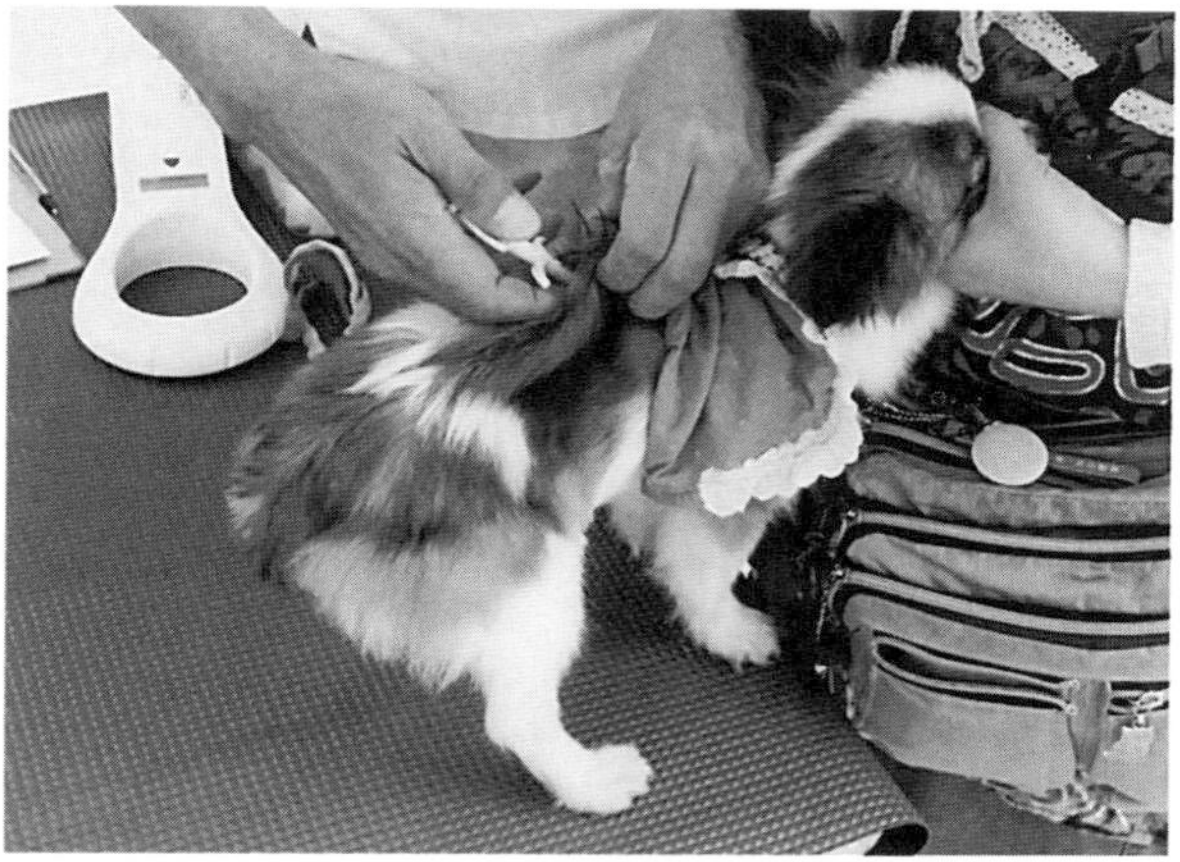

大学祭に参加して感じたこと

秋は味覚の秋、読書の秋、紅葉の秋、いろいろな秋がありますが、私にとっての秋は学園祭の季節です。毎年、母校の麻布大学の大学祭に参加しています。麻布大学は神奈川県相模原市にあり、以前は獣医師を養成する単科大学でした。いまや2学部5学科となり、カレッジからユニバーシティーに進化しています。

「学生でもないのに大学祭参加とはいかがなものか?」と思う方もいらっしゃるかもしれませんが、私は同窓会を通じて学生との交流を図る委員会のメンバーとして、大学祭には同窓会コーナーとして毎年出店しています。

同窓会は全国に支部があるので、いろいろな支部に協力を要請しています。昨年は栃木県支部に宇都宮餃子を提供していただきました。B級グルメとして知名度ナンバーワンのこの餃子は大変おいしくて、開店前から列ができるほどの人気です。

ほかにも、大学祭のために農家と契約して下さっている農産物もあり、そちらも毎年楽しみにされている方が列を作ります。

同窓会コーナーは食べ物屋ばかりではありません。ペット飼育者のための相談コーナーを3日間にわたって開催しました。大学の動物病院の先生、私のような古いタイプの開業医、そして若い獣医師の先生が、多様な質問に対し、それぞれの先生方の個性を活かした回答が繰り広げられました。ここにも交流の場が広がっていました。

同窓会では市民セミナーも毎年開催しております。一昨年は宇宙航空研究開発機構（JAXA）から、講師を招へいして、任務を果たし地球に帰還して話題になった小惑星探査機「はやぶさ」の話を伺いました。

難しい内容なのかと心配しておりましたが、先生のキャラクターが参加者の心を捉え、興味深い講演になりました。小惑星でのちり採集の臨場感、研究者たちの感動とどよめきなど、心に残る内容でした。多くの市民の方々にご参加いただき、同窓会スタッフも大変満足しました。

学園祭主役は学生たちです。清々しく働く若者に出会えるのも、大学祭の醍醐味です。牛柄のツナギを着た実行委員の学生が大学祭を仕切り、実にかいがいしく働いていました。こうした学生が次の世代の獣医療を担うわけです。

研究室の展示から、最新の情報を得て、時代の空気を感じ、次世代の人たちと接する喜びが、学園祭にはあります。今を生き、未来を支える若者たちに、何か私たち世代が役に立つことはないか、いつもそんなことを考えながら、大学を後にするのです。

若者の素晴らしさ

スウェーデンの環境活動家グレタ・トゥーンベリさん（16歳）が２０１９年、アメリカ・タイム誌の世界の顔に選ばれました。米大統領のトランプ氏を抑えての選出です。16歳での選出は異例中の異例で、世界が驚きました。

２０１９年12月にスペインのマドリードで開催された国連気候変動枠組み条約締約国会議（ＣＯＰ25）でグレタさんが行った演説には、私も心を打たれました。まだあどけなさの残る少女が、感情を込めて地球環境に関する熱いメッセージを、世界中の人々に向けて送ったのです。

私はリアルにこの演説の映像を見て度肝を抜かれ、新しい時代の息吹を感じるとともに、地球環境問題はもはや先延ばしできない問題であると、考えるに至りました。

次世代の人々が新しい世の中を創ってくれている姿に、いつも感動させられます。

獣医師会の重要性

開業して間もなく、横浜獣医師会に入会しました。当時、入るためには、厳しい制約があり、新人を入れない風潮がありました。「会員が増えれば、狂犬病予防注射の既得権益が狭められる」と考えるベテラン獣医さんが多かったのです。

入会希望者の開業場所を獣医師会が見に来て、近くに開業医がいる場合は、隣接した両隣の開業医の承諾印がなければ入会できないという状態でした。たまたま私は、横浜市のはずれで、獣医師の無医村状態だったので、条件をクリアすることができました。

獣医師会は当時、古い体制と新しい体制とが対立しており、いろいろな矛盾もありました。私は新体制側としてなんとか時代にあった組織にしたいと奔走していました。

新体制では、今まで入会に消極的だった開業医をひとりひとり回り、入会を勧誘して歩きました。その結果、会員数も増え、組織力も高まりました。会員の福祉のために、狂犬病予防の配当金の一部を積み立て、冠婚葬祭、親睦会、旅行、各種趣味のクラブ助成などの共済制度を設けたのも、この時からです。この制度は現在も連綿と続いています。

横浜市獣医師会では、本来行政がやるべき猫の引き取りを「会員有志の病院で」という運動を始めました。もちろん、最初からすんなり受け入れられたわけではありません。当時は野良猫が多く、個々の収容能力の問題や、引き取り後に殺処分しなければならない場合もあり、引き取りに参加したくないという声も多かったのです。

引き取りの意味を本当に理解した人たちでスタートしました。これは、〝動物愛護指定管理者〟の先駆けになったと思っています。われわれ民間が努力した結果、現在横浜市は、猫の譲渡数ではダントツの日本一になっています。

しかし、残念なことにこれが今、危機に陥っています。若い獣医師がどんどん開業していますが、大学では動物福祉の授業はなく、「自分は助けるために獣医師になったので、殺すために獣医師になったのではない」というのです。

私たち獣医師がやらなかったら、引き取り手のない傷ついた野良猫や、目の開かない子猫の捨て猫は、どこへ連れて行けばいいのでしょう。見て見ぬ振りをするだけでは動物福祉の発展はありません。

野良猫の数を少なくしようということで、避妊手術費用の低減、行政による助成金の請願、動物愛護思想の普及・啓発と動物愛護団体のモラル向上のための活動を一貫して行ってきました。その結果、横浜市の野良猫の頭数は、急減しています。

私は動物病院を動物福祉の拠点とし、ミニシェルターにして、そこを援助して広げていくべきだと考えています。その方がペットオーナーも近くで利用できるし、困ったことがあれば動物病院に相談することができるからです。獣医師会の社会貢献事業にもなり、獣医師会の将来のためにもいいと思っていますが、いかがでしょうか。

現在は猫の引き取りは市の動物愛護センターができてからそちらで行っています。

獣医師会って何？

よく飼い主さんから「獣医師会って何？」とか「入っている獣医さんとそうでない獣医さんの差は何？」と聞かれることがあります。基本的に入っていてもいなくても、日常の獣医業務は同じです。

神奈川県には、神奈川県獣医師会、横浜市獣医師会、川崎市獣医師会の三つの獣医師団体があり、3団体合わせた会員数は1，110名くらいでしょうか。横浜市獣医師会は比較的まとまっている方だと思いますが、都市部をみると、獣医師会の組織率は低く、東京都は50％を切っていると聞いています。

日本獣医師会の歴代の会長が横浜へ来るたびに、「会員の増強を図るために、全国の獣医師会に通達を出してください」と直訴してきましたが、「そのことは各獣医師会に任せてある」と腰が重く、組織率は上がりません。獣医師業界の発展を願うひとりとしては、寂しい限りです。当院に在籍した獣医師には、開業したら必ず獣医師会へ入会するよう勧めています。

狂犬病予防注射や動物感謝デーの開催など、全国で獣医師会が行う活動はさまざまですが、私自身、個人的には獣医師の社会的な発言力を強めることが、獣医師会に入会する最大のメリットだと思っています。

業界団体の数が多いほど発言力は強まり、さらに、その主張を国の政策等に反映させることが可能になります。獣医師界から国会議員を送り出すことも必要だと考えていますが、国政への参加に関してはいろいろな意見が多く、統一した見解は難しいようです。

獣医師界やペット産業全体の発言力を強化することで、ペットの飼い主さんに寄り添った政策が可能になったり、「動物にやさしい日本」という国全体のイメージも変化します。目指すテーマが同じであれば、関連団体が歩調を合わせて活動することも、相乗効果を発揮できるでしょう。

以前、元日本獣医師会の山根会長がペット経営誌で、「団体間の協調」について述べていましたが、私も全く同感で「獣医師と関連企業がいい関係を維持しない限り、相互の発展はない」と言い続けてきました。

獣医さん同士の協調も

他業界の連携だけでなく、獣医さん同士でも同じです。互いに切磋琢磨し、情報を交換し合うことで、動物医療はよりよく発展していくと考えていますが、逆に揚げ足取りと思われるような発言を頻繁にする先生もいらっしゃいます。

たとえば他の病院から転院してくると、「どうしてこれまで放っていたのか」、「こんなひどい治療をして」などと平気で言ってしまう。

言い訳ではありませんが、病気というのは、前の病院では潜伏期間中でわからなかったものが、病院が変わった時に発症してわかることがあります。これは獣医師ならば誰でも経験することです。

病気を侮ってはいけないし、まして同業者に恥をかかせてはいけない。「その時点では、わからないこともあるのですよ。そういうこともあります」と言って、飼い主を納得させることも必要だと私は考えて、後輩たちにも指導しています。

同業者間交流にもマナーがあって、自分が発展することはもちろん大事ですが、同業者も共に伸びるという気持ちは必要です。自分だけ良ければいいという考えは、過当競争に行き着き、互いに傷つく結果になることは慎むべきでしょう。

今はペット医療も進化して、手術前に何項目もの血液検査をして、手術に耐えられるかを診て判断できます。病気になったペットの飼い主の負担は大変ですが、ペット医療の進歩は、飼養者のコンパニオンアニマルに対する価値観の高まりに対応したものでもあるのです。

新しい技術と知識の修得もさることながら、ペット診察における第一条件は、獣医師と飼い主が気持ちの交流を深めること、獣医師が飼い主の気持ちになるか、ならないかであるというのが私の持論です。この心構えを大切にしてほしいと、若い獣医さんにはアドバイスしています。

第二章
愛すべき人と動物

私の今をつくってくれたのは、多くの人々、そして動物たちです。第二章では特に私の人生を豊かにしてくれた忘れ難い人物を紹介しましょう。

忘れ得ぬ人々

ペットショップオーナー・太田勝典さんとロータリーの活動

一般社団法人全国ペット協会の元会長を務める太田勝典氏は、約50年前に横浜市旭区でペットショップ「アサヒペット」を創業しました。私は今から約60年前に同区で「兵藤動物病院」開院していたので、旧知の間柄ではありました。しかし、私が太田氏の人となりを知り、お互いの職業に敬意を持つような関係になったのは、ロータリークラブが大きく関係しています。

ロータリークラブは米国シカゴの青年弁護士、ポール・ハリスによって１９０５年に創設されました。当時のシカゴでは商業道徳の欠如が目立つようになっており、信頼性が担保されたさまざまな職業を持つ者同士がクラブ会員となり、交友を深め仲間を増やす場としてつくられたのです。ロータリークラブは国境を越え、今では２００以上の国と地域に広がり、会員総数は全世界で１２０万人に上っています。

日本でも地域ごとにクラブがあり、会員はそのクラブに所属します。クラブ数

2,287、会員数88,328人（2014年12月末・ロータリー公式誌による）となっています。ロータリークラブへの入会は、会員からの推薦で行われますが、クラブ会員がひとりでも入会に反対すると入会はできません。基本的に1業種ひとりという制度があり、その地域クラブでの同業者の入会は基本的に認めていないものの、クラブの会員数に従って柔軟に対応しているところもあるようです。

私が入会したのは1972年（昭和47年）、33歳の時でした。その頃は7歳を筆頭に5人の子どもを抱え、仕事も家庭もフル回転していました。そんな時に、地元の重鎮が「横浜旭ロータリークラブ」に誘ってくれたのです。私は断り切れず会の内容もわからないまま入会してしまいました。

入会して驚いたのが、業種も規模も異なる経営者、個人事業主などが、対等に付き合っていることでした。

私の地区の会員は弁護士、銀行の支店長、損害保険会社の社長、地域で成功しているレストランの経営者、税理士などです。中でもビッグネームはタカナシ乳業の社長でした。こういった人たちと利害関係なく食事や会話をして、お互いに良い刺激になりました。そして、お互いのなりわいを尊重し、職業の公共性や社会性を考えるきっかけになったのです。

ロータリークラブは奉仕団体ですから、地域貢献のために社会奉仕活動などを行っています。クラブの活動を通じて職業倫理観を高め、その成果を社会に奉仕する、つまり還元することが目的なのです。

ロータリークラブには社会奉仕活動を行う際に、その活動が適切かをチェックする「四つのテスト」というものがあります。これは皆さんの仕事や生活に当て嵌めてみても面白いかもしれません。

～言行はこれに照らしてから～
1．真実かどうか、2．みんなに公平か、3．好意と友情を深めるか、4．みんなのためになるかどうか。

奉仕の精神を学ぶ

太田氏は1989年に入会し、在籍もう30年、「横浜旭ロータリークラブ」の会長や幹事も務めています。クラブで太田氏と話すと、性格はまじめ、几帳面で地域の人望も厚い人物でした。私は彼の奉仕活動の中では、黒メダカの配布活動が印象に残っています。横浜市の公園の池を借りて「メダカの学校」と称してメダカを育み、年1回子どもに配る。この活動を10年間続けました。

太田氏は私に「ロータリークラブに育てられた」と語ってくれました。クラブに参加し活動することで異業種の会員から良い影響を受け、ご自身の意識を高められたのだと思います。

黒メダカの配布以外にも、地元の動物取扱業者で構成した「ペットオーナーズクラブ」をつくって区民祭りに参加したり、しつけ教室を開催するなど、ペット業者が社会に定着するための活動も行いました。そして、それは全国ペット協会会長としての太田氏の活動に繋がるものだと思っています。

ロータリークラブの綱領の第一には「奉仕の機会として知り合いを広めること」と書かれています。積極的に参加すれば社会人としての人間形成に大きな影響を受けるはずですし、クラブには国際的な大会もあります。

日本の伝統文化を教えてくれた・彫よしさん

皆様は刺青（いれずみ）にはどのような印象を持たれているでしょうか？　漠然と

「コワイ人がしているもの」といったイメージもあるかと思いますが、刺青は人類の誕生直後に発生したものと推測され、日本でも縄文時代に作られた土偶の表面に見られる文様は、古代の入れ墨を表現したものと考えられています。

コワイ人たちが入れ墨をする理由としては、社会からの離脱および帰属する組織への忠誠や、痛みに耐えて刺青を背負うことで覚悟を示すことなどだそうです。そして、その図案は日本や中国の伝統的な題材を描いたいわゆる「和彫り」が主流です。

明治時代に開国してからは、その鮮やかなデザインとオリエンタリズムに注目が集まり、海外で大いに流行したそうですし、今でも海外で一定の人気があります。

刺青は現代日本では反社会的な象徴ですが、文化として連綿とした歴史があるのです。また、刺青を身体に刻む技術はいわば職人技として代々受け継がれ、今も刺青を彫る人を彫師と称しています。

「三代目・彫よし」こと中野義仁さんはベテランの彫師で、獣医師と飼い主の関係を越え30年来の交流があります。

彫よしさんは国内外に多くの弟子を抱える〝その道の第一人者〟といっても差し支えない人です。私はこの人の彫師としての仕事にかける情熱と哲学に共鳴し、尊敬しています。

そもそものきっかけは、私と同じ横浜に仕事場を構える彫よしさんが、飼い犬の診療で病院に来たことでした。ご夫婦揃って動物好きで多くのペットを飼っており、犬猫などの具合が悪くなる度に診療しましたが、顔を合わせ世間話をするうちに同郷で隣町の出身ということがわかり意気投合しました。

以前、彫よしさんから「横浜カントリーアスレチッククラブ」で刺青のイベントを開催すると聞いて足を運びました。このクラブは明治元年に英国商人によって組織された会員制のクリケットクラブが前身で、1901年にはラグビーで慶應義塾大学と初の国際試合を行うなど、日本のスポーツ振興に大いに寄与している大変由緒あるところです。2008年現在、54ヵ国、約2,000人の会員を擁しています。

そんなクラブが「タトゥー・ナイト」と称して、彫よしさんを中心に全身に刺青を背負ったほぼ全裸の男女を鑑賞しようというイベントです。

当日は約100名が集まりましたが、中には切り絵作家や漫画家など美意識の高い人も参加しました。イベントではまずビュッフェ形式で食事を取りつつ、刺青を彫り込んだ男女を鑑賞します。クラブの性質上なのでしょう、ほとんどがアメリカ人男性でアングロサクソン系特有の白い肌に色とりどりの刺青が映えます。反社会組織の方々というわけではなくて、純粋に刺青に魅了され見事に全身に彫り込んでいる人たちでした。

クライマックスは彫よしさんによる刺青の実演です。うつ伏せになっている若い女性を参加者が囲み、彫よしさんが手彫りで墨を入れていきます。女性も彫よしさんに完全に身を任せているのでしょう、痛いそぶりも見せずに堂々としていました。

彫よしさんは刺青が社会的に受け入れられにくくなった、80年代から海外のタトゥーコンベンションに参加し、世界の彫師と交流を持ちつつ刺青界全体のクオリティーを底上げした功労者といわれています。

また、刺青が長らく日陰の存在となっていたため、大衆文化でありながら体系的な歴史や資料が少ないことから自主的に関連資料を蒐集し、横浜で「文身歴史資料館」を開き一般にも公開しています。

日本社会で刺青に対して風当たりが強くなる中、彫師という職業に誇りを持ち、自らの技術を世界に認めさせ、社会的地位の向上に努める彫よしさんの姿勢には尊敬の念を抱かずにはいられません。

文身歴史資料館：http://www.ne.jp/asahi/tattoo/horiyoshi3/museum-top.html

ラジオ番組が結んだご縁

大沢悠里のゆうゆうワイドのリスナーさん

テレビは見始めると手も頭も止まってしまいますが、ラジオは何かをしながら聞くことができるので、仕事をしながら聞いている人も多いものです。

最近は「テレビがあまりにもばかばかしい」、「インターネットをしながら聞ける」などの理由からラジオが見直されているようです。ドライバーさんなど、ラジオを愛し生活の一部になっている人も少なくないでしょう。しかし、ご存じの通り音だけのメディアですから、テレビのような強い刺激があるわけではありません。〝押し付けず、出しゃばらず〟というのがラジオ番組の良さでしょう。

私が出演していたのは「大沢悠里のゆうゆうワイド」番組内の「ゆうゆうペット相談室」（毎週水曜日12時40分）というコーナーでした。リスナーさんから寄せられたペットについての質問や相談に私が答えるというものでした。

リスナーから寄せられた相談のうち、放送で使うものが放送前日に送られてきます。

まあ、あらかじめ相談内容を知っていることになりますが、正確な回答のためにも事前学習は欠かせません。

「猫がノドを鳴らすのはどんな意味があるの？」、「彼女が飼っているミニチュアダックスに口を舐められてイヤだが、彼女の手前、犬を邪険にできないので困る」といった相談などです。

出演当日は、出演者やスタッフが行き交う中で担当ディレクターと打ち合わせをします。ラジオの現場は若い人が多く、現場スタッフは30代半ばで最年長の部類で、服装も自由でジーンズに柄シャツがほとんどです。若さゆえに激務を任されるのでしょうか、スタジオの外でごろりと寝っ転がって仮眠を取っている姿もよく見かけたものです。

打ち合わせが終わって一息つくと、生放送の本番になりますからスタジオに向かいます。スタジオは二部屋に区切られていて、ひとつは私や大沢さんがトークをする部屋。もうひとつはディレクターなどが指示をする部屋で、出演者の声以外の音を遮断するためでしょう、ガラスで仕切られています。

大沢さん、アシスタントの見城美枝子さんと向かい合わせに座り、すぐ横の赤いランプが点くとスタジオの声が電波に乗ります。私のコーナーは12時40分からですが、少し早くスタジオ入りして大沢さんと楽しく話をすることもありました。

本番中ディレクターは出演者に対して進行や残り時間など、出演者だけに聞こえるように指示をしますが、時にはリスナーには聞かせられない冗談をいって、最初はびっくりしました。私のコーナーの後は食材を紹介するコーナーがあり、私も一緒にスタジオで食事をすることもあります。これも生放送の醍醐味でしょう。

13時少し前に生放送が終了すると、すぐに1ヵ月分を収録します。月初めの水曜日の放送は生放送ですが、月内の残り3ないし4回の放送はこの時収録したものを流しています。

見えないリスナーに誠意をもって語る

獣医師としてテレビやラジオに出演することは、職業としてのイメージアップに繋がり、ペット業界の社会的地位の向上にも繋がると考えています。さまざまな番組から呼ばれましたが、私が思う出演者としての心構えとは、番組をスタッフと共につくっていく積極性とコミュニケーション能力、そして、それぞれの番組の主旨を理解して、それぞれに適応することだと思います。

「ゆうゆうワイド」でいえば〝獣医師として、ペットについてのさまざまなエピソードや生態を正確にわかりやすく伝える〟ということです。しかし、相談に対して真正直に答えるだけではスタッフも納得しませんし、リスナーにも聞いてもらえません。面白くなるようなサービス精神も必要です。このせめぎ合いの中で放送に臨むのですから、どんなに知識があっても〝学者然〟とした人ではダメなのです。

また、インターネットで検索できる時代ですから、情報だけであればいくらでも（明らかなウソも）手に入る中「これが動物についての正しい情報です」と、氏素性を明かした上で喋ることは大きな責任を負っています。リスナーであっても、病院に来てくれる飼い主さんであっても、同じように誠意を持って話してきました。

今でも時々、「ラジオを聴いていましたよ」と声をかけられることがあります。そう言われると、古い友だちに偶然会ったような気がして心華やぎます。

戦争反対を主張し続けた秋山ちえ子さん

秋山ちえ子さん（1917～2016年）は、日本のラジオパーソナリティー、エッセイスト、評論家として活躍されていました。秋山さんには及びませんが、私も前述の

「大沢悠里のゆうゆうワイド」の動物相談担当として20年、別枠の「こども電話相談室」の回答者として20年務めたので合計40年のラジオ番組出演となりました。

秋山ちえ子さんは同じ「ゆうゆうワイド」内の「秋山ちえ子の談話室」という番組に出演されていました。出演時間の違いもあり、顔を合わせることはありませんでしたが、同時代に同じ番組に出演させていただいたことを、とても名誉に感じます。女性報道ジャーナリストとして草分け的な存在でした。仙台市出身で女子高等師範学校卒業後にろう学校で教師を務め、その傍らＮＨＫラジオで自作の童話の朗読を始められました。

その後、１９５７年にＴＢＳラジオで放送を開始した「昼の話題」は「秋山ちえ子の談話室」に繋がる番組となり、２００２年に終了するまでの45年間の放送回数は、なんと1万2千５１２回にものぼり、ひとりで出演するトーク番組としては異例の長さとなりました。

番組の内容は日常の暮らしにまつわる事柄をわかりやすく、やさしく、時には厳しく伝えていました。声の調子も歯切れの良さも心地良いもので、その内容や口調から「しゃべるエッセイスト」と呼ばれていました。

絵本の朗読をライフワークに

秋山さんは40年以上にわたって毎年、終戦記念日の8月15日になると戦争中に餓死させられたゾウの童話「かわいそうなぞう」の朗読を続け、平和への願いを訴えていました。「かわいそうなぞう」は土家由岐雄作で、金の星社から出版されていますが、私も秋山ちえ子さんに触発されて、この童話を取り寄せて動物愛護週間に子どもの集会などで朗読しています。

太平洋戦争中に上野動物園のゾウが、空襲による混乱によって逃走する事を防ぐため、餓死させられたという実話をもとにつくられました。

当時、戦争が激しさを増し、東京の空にもアメリカ軍の爆撃機Ｂ29が襲いかかることが予想されていました。

逃走を避けるために、動物園のライオン、トラ、クマなど危険な動物は皆殺しになりました。最後に残されたのが3頭のゾウのジョン、トンキー、ワンリーでした。混乱と危険を避けるため、この3頭も殺さなくてはならないのです。

エサに毒を混ぜたりしましたが嗅覚の良いゾウは食べません。毒を注射しようとしましたが、皮膚が厚くて針が通りません。

やむなくエサも水も絶って餓死させることにしましたが、お腹の空いたゾウたちは一生懸命に芸をして、エサを下さい、水を下さいと要求します。見かねた飼育員は飼料庫に飛び込み、さあ食べろ食べろとぶちまけます。

仙台の動物園に移送する計画もありましたが、結局無情にも東京で死なせることになったのです。オスのジョンは昭和18年8月29日に絶食17日目で死にました。メスのワンリーは9月7日に絶食18日目で死に、トンキーは30日目の9月29日に死にました。

アメリカ軍の爆撃機は連日襲いかかります。職員たちは空を見上げて「戦争なんてやめてくれ」と祈るばかりでした。爆撃機の去った後、動物園は重苦しい静寂に包まれておりました。

餓死は最大の虐待

この童話を読み上げる度に涙が出て、何度も言葉に詰まってしまいます。実話を基にしているものの創作物であり、ある種の演出もあります。ゾウたちが死んだ頃は東京の空襲は激化していません。本の挿し絵には空襲を思わせる絵がありますが、少し違う気がします。

テーマは〝戦争によって罪のない命が失われること〟ですから、戦争の悲劇性や暴力性を加えて強調する演出がされたのでしょう。終戦当時に大人だった秋山ちえ子さんも演出を理解していたと思います。

いずれにしても戦争をしてはいけません。当たり前の事です。どうしたら戦争が防げるかが問題なのです。この童話はイギリスやフランスでも翻訳され、虐待の話として解釈されているようです。餓死させるということは最大の虐待であり、犯罪なのです。

無着成恭先生に学んだこと

50年間も続いていたTBSラジオの「全国こども電話相談室」という名物番組があり、私もレギュラー回答者として20年くらい出演しておりました。その時、ご一緒させていただいた僧侶で教育者の無着成恭さんとは、放送時以外でもよくお話をさせていただきました。

オチャメで愛すべき人物で、大人のエロスを品良く話題にできる器を持ち、高邁な哲学者でもありました。あるとき「兵藤君。腐るものは本物で、腐らないものは偽物だね」というのです。先生をご存じの方は、独特の口調を思い浮かべつつ読んでいただけたら幸いです。

「工業は腐らないものをたくさん作るでしょう。でも、土から作る農業のものはみんな腐るの。そしてリサイクルするのよ。土という字は地面から芽が出ているのを表しているの。工業の工の字は芽が出てないでしょう。だから工業よりも農業が大事なの」と、いかに農業が大事であるかを説くのです。

「自動車やパソコンをたくさん作っても食べられないのよ。農業がダメになると国民は飢えて死んでしまうんだよ。でも、食べるということは植物でも動物でも命をいただくということなの。腹いっぱい食べるということ、必要以上の食べ過ぎは罪悪なんだよね」などなど、無着成恭さんとの会話はいつも面白く、私も影響を受けました。

番組で無着成恭さんからの回答を受けた子どもや、放送を聴いた子どもたちはきっと良い大人になっているでしょう。

今でも私は〝食べ過ぎは罪〟という教えを守っています。世に溢れるバイキング、食べ放題、飲み放題。まさしく罪つくりといえるでしょう。

食べ過ぎが続けば病気の予備軍になり、自分も家族も不幸になってしまいます。そして治療にかかるコストを見れば、社会に対しても大迷惑なのです。

ペットの肥満が健康問題に

日本全体が貧しくペットフードのない頃、犬は外に繋がれ人の残り物を1日1回、与えられている程度でした。比べると今の犬は家の中に入り、避妊去勢の手術を受け、フカフカの敷物に座り、美味しい食事におやつときています。特に使役もない上、散歩を面倒くさがる飼い主に飼われでもしたら、間違いなく運動不足に陥り肥満になってしまいます。

ヨチヨチと歩き、少しでも早足になったと思ったら、息を切らして座り込んでしまう。その上、太り過ぎて自分の尻さえ舐められない。こんな状態、つまり肥満になれば糖尿病、ガン、心臓病、副腎皮質機能亢進症、関節病などの予備軍になってしまいます。超肥満はまさしく虐待です。ペットの体重管理は飼い主の責任なのです。

日頃、私ども獣医師は犬猫の肥満について、飼い主にボディコンディションスコア（BCS）を用いて説明していました。これは犬猫の痩せている状態から肥満までを5段階に表す図なのですが、あまりも主観的で飼い主にとっては説得力に欠けると思っていました。

このほど日本獣医生命科学大学の新井敏郎教授の研究グループがつくった犬猫のメタ

ボリックシンドロームの判定基準が話題になりました。

まだ基準案の段階だそうですが、犬の場合にはBCSが3・5以上であることを必須条件として、血液中に含まれる①グルコースが120（mg／dℓ）以上。②トリグリセリドが165（mg／dℓ）以上であり、または総コレステロールが200（mg／dℓ）以上。③体の免疫力などを高めるアディポネクチンと呼ばれる物質が10（μg／mℓ）以下である場合に、①、②のどちらかおよび③の項目に当てはまる犬がメタボリックシンドロームと判定されます。猫の場合は総コレステロール180（mg／dℓ）以上で、アディポネクチンが3（μg／mℓ）以下で判定されます。

もちろん、メタボ＝病気というわけではありませんが、この基準によって肥満の判定を科学的に説明することができますし、ペットの肥満状態からの救出について、飼い主への説得力を増すことになると思います。

日常、診療をしている印象ですが、来院する犬たちでいえば半数は標準体重ですが、40％は体重過剰のポッチャリで、超肥満と体重不足がともに5％という印象です。

確かに肥満傾向は一般化しています。著しく痩せた犬などは高齢末期の病気の犬でしかみられません。

新井先生の研究は肥満で悩む飼い主や犬にとっても朗報であることは間違いないでしょう。東京都獣医師会に加盟するおよそ700の動物病院で、この肥満度判定基準の導入が始まっています。

いろいろな飼い主さんとの四方山話

職業柄、いろいろな職業や立場の人々と接してきましたが、開業してすぐの頃、今から60年近く前の話ですが、土佐犬が欲しいという人に犬を紹介してえらい目に遭ったことがありました。

土佐犬を専門に診ている友人の獣医師に「土佐犬を欲しい人がいるので譲ってほしい」と頼んで譲ってもらい、その犬を渡したのです。すると、いろいろ言いがかりをつけてくる。「検便したらムシがいた」「皮膚病や傷があった」「血統書がない」とのクレームです。

友人に問い合わせたら、「血統書なんか付いているわけがない」と言います。当時、土佐犬には血統書がないのが一般的だったらしいのですが、私はまったく知らずに、「血統書は付いているはずだ」と伝えてしまったのです。不手際を詫びても遅かった、それで納得する相手ではありません。夜中の2時頃になると、子分が2、3人車でやってきて、表の戸をガタガタさせて寝ているのを起こす。嫌がらせです。困り果てて、先輩の獣医さんに相談しました。

先輩は「よし、おれに任せておけ」と、どう話をつけたかわかりませんが、それから嫌がらせはパタッとなくなりました。

その後、その土佐犬は闘犬にデビューして、出る大会どこでも敵なしの強さを見せてくれました。そうしたらムシの問題も、皮膚病、血統書の問題もいっぺんに吹っ飛んで、後には「いい犬を世話してくれた」と礼を言われたほどです。私自身は、闘犬については常日頃苦々しく感じていたのですが、それはおくびにも出さず「そうでしたか」で終わりました。

法律改正でこうした反社会的組織の構成員には警察も厳しく取り締まるようになりました。私の病院の周辺は住宅街なので、そうした心配はありませんが、歓楽街で開業している動物病院にはいろいろ大変なことがあると聞いています。

病院を支えてくれた飼い主さんたち

家畜の先生がペットを診療に転換するようになった初期の頃は、スマートさなどまったくなくて、誰も獣医さんとか、先生とかとは呼んでくれず、みんな〝犬屋さん〟と呼んでいました。どこへ行っても、「犬屋さん、裏に犬繋いでいるからそっちに回って」などと言われたものです。

飼い主さんたちも、犬や猫のために医者を呼ぶ経験が少なく、どうやって扱っていいのかわからない状態だったのでしょう。

それでも、お盆に洗面器とタオルと石鹸を置いて迎えてくれる飼主さんもいました。診療が終わると、「ご苦労さんでした」といって、お茶を入れてくれて世間話をしたものです。私自身が人を迎えるときの心を教えられたような気がします。

地元の農家の人たちも多かったのですが、ぶっきらぼうで丁寧なおもてなしなど皆無でしたが、犬への愛情が感じられ、人情味がありました。

私が心に残っているのも、こうしたごく普通の飼い主さんたちとのいろいろな出来事です。長くひとつの場所で生活していると、いろいろな局面に出会い、人間の社会的地位がある日突然、逆転してしまう例も多く目の当たりにしました。

昔は羽振りが良く、派手にお金を使っていた人が、今は治療代にも事欠くほど落ち込んでいたり、行方知れずになったりしています。

一方、貧乏人の子だくさんで、食べるものにも事欠いていた家庭の子どもたちが、20

~30年もすると、社会で活躍して、立派な家庭を築き上げて犬を連れてやってくる。人生の栄枯盛衰は一筋縄ではいきません。

私自身も23歳で開業し、あっという間の60年でした。一般的な企業でも30年説というのがあり、社会の変化とともに存続が厳しくなってくる会社も多いようです。会社では副業や多角経営で失敗している例をたくさん見ました。

私自身、すべては自分の職業が一番大事という原則を曲げたことはありません。自分で責任が取れる範囲では思い切った行動もするが、先が読めないこと、責任が取れないことには手を出すべきでないという自制心を持ってやってきました。獣医業一筋です。

仕事を離れて親しんだ仲間たち

最近は引き受ける人が少なくて、くじ引きで役員を決めるといいますが、私は積極的にＰＴＡの役員を引き受けてきました。当時は40歳代で働き盛り、開業医だったので地域のあらゆる役職を依頼されてきました。押し寄せてきた、といっていいぐらいです。特に学校関係では小学校、高等学校、専門学校、大学に至るまで日本の教育制度のほぼ全般の役職を引き受けました。

その時の学校長や仲間とは、今でも旅行に行く間柄です。もちろん子どもも学校を卒業しているので、もう30年間以上も、仲良しの関係が続いています。

熱海への１泊旅行のお誘いを受けて、バイクで片道80キロを飛ばして、馳せ参じたこともあります。

男性３名、女性８名の気心の知れた仲間たちで、出会ってからすでに30年以上が経ちました。若いママさん時代から知っている女性が、どんどんたくましい熟女となっていく姿を見ていると「彼女も年を取ったなあ」と感慨深いものです。しかし、彼女の方こそ「兵藤先生もお年を召されたわね」と思っていることでしょう。それもまた、自然体のお付き合いで楽しいものです。

偶然出会った五月みどりさん

この同窓会のような旅行では、長年ファンだった五月みどりさんに出会ったことがありました。仲間の待つホテルへとバイクで向かう道すがら、赤信号で止まり視線を感じて振り向くと、五月みどりさんが微笑んでいるのです。はっとして見ると店内に五月さんがいる！　店の看板には「五月みどり趣味のギフトショップヴィーナス」とあるのです。私は五月みどりさんの湯河原のお店は行ったことがあるが、熱海にもあるとは知らなかったのでびっくりです。

ホテルで仲間と合流し、仲間の女性8名を連れて、五月さんに会いにお店に行きました。五月さんとはＴＢＳラジオで大沢悠里さんの番組に10数年一緒に出演していたので、懐かしく、大感激です。

店には五月さんがセレクトしたという装飾品がずらりと展示されていました。五月さんの手作りの商品もあったような記憶があります。美しいモノが好きな女性軍は大喜びで、お買い物をしながら、五月さんと記念写真を撮るなど、大騒ぎしています。私もきれいな猫の絵などを購入して盛り上がりました。

温泉と大騒ぎの大宴会の後、午前0時まで付き合って仲間を寝かし付けた後、バイクにまたがり真夜中の国道をひた走って帰りました。途中から雨が降りだし、料金所でバイクの中に入っていたレインコートを取り出して着替え、雨の高速道路を2時間かけて自宅に戻りました。「これで私の病院の朝ミーティングに間に合うな」と思いながら就寝した次の日の朝の太陽が忘れられません。仕事も遊びもＰＴＡも、全力で取り組むのが不器用な「私流」なのです。

遊び、学び、
多くの人々との出会いが
人生を豊かにしてくれました

愛すべき動物たち

猫カフェ初体験

猫カフェについては、夜遅くまで猫を展示することへの是非が問われるなど、動物福祉の観点から問題になっていました。私は長年、動物福祉活動をしていたので、その実態を確かめるためにも、調査の必要があると考えていました。

ペットショップの展示販売については、犬猫の心身の健康を考慮して２０１２年から夜間（午後8時～午前8時）の展示が禁止です。この「展示」に猫カフェが当て嵌まるとして、業界団体が異議を申し入れました。仕事帰りの客も大勢立ち寄るからです。環境省はこれを受け、経過措置として、午後10時までの展示を認めた経緯が、過去にありました。

一方で、狭いケージでの展示とは異なるものの、見知らぬ人に長時間の接客をすることが猫にストレスを与えるのでは、という意見も多く、特に外国人観光客の増大で解決の難しい問題となっています。

展示時間の規制は、都心の一部のペットショップが、強い照明の下に深夜まで、幼い犬猫を販売していたことに批判が集まったのが始まりでした。猫カフェのことはまったく念頭にないまま、規制についての議論が行われていたのです。

猫カフェの営業時間については環境省の中央環境審議会動物愛護部会で議論されました。私は傍聴に出向きましたが、論点は、これまで通りの「午後10時までの展示」か、最初の規制通り「午後8時までの展示」にするか、ということです。

環境省は午後8時までに閉店するカフェの猫と、8時以降も営業するカフェの猫の、ストレスがかかると増加するホルモンの糞(ふん)中濃度を調べて比較しました。そして、両者に「有意な差は見られなかった」と報告しました。

結局、営業時間は今まで通り、午後10時までOKとなりました。私は特別な異論は持ち合わせていませんが、願わくば猫たちに大きな負担をかけてほしくない、と願うばかりです。

では、実態はどうなのか、私が講師の依頼を受けている横浜高等愛犬美容学校の近くに猫カフェがオープンしたので、さっそく女子学生たちと入店してみました。ひとりでは恥ずかしかったのです。

小奇麗なドアを開け入ると、「携帯電話とカメラ以外はロッカーに入れて下さい」とメッセージがあり、その通りにしてしばらくしていると、女性スタッフが猫への注意事項なども説明してくれました。猫を抱っこしたり、しつこい扱いは禁止。猫の遊び道具は室内の猫じゃらしのみであることなど。そして、「この猫たちは山梨県の猫保護団体から来ています。よかったら里親になってください」とのことでした。レクチャーを受けた私たちは擦り足で静かに入場しました。

15坪くらいの広さの部屋に10頭くらいの猫がいて、客はわれわれのほかに、カップルと女性2人組、4人連れのファミリーで、皆静かにくつろいでいます。

室内は清潔で嫌な臭いもありません。猫の座る座布団、キャットタワー、天井に届くキャットウォークがあり、壁側にはカーテンのついたケージが八つほど。中には固まる砂のトイレがあります。このケージ内がカフェで働く猫たちの休息部屋なのでしょう。

閉まっているカーテンをそーっと開けてみたところ、寝ていた猫と目が合ってしまいました。見てはいけないものを見てしまった気まずさから、「ごめんね」と会釈して素早くカーテンを閉めました。

そうこうしているうちにあっという間に30分。やはり、男性ひとりで来るところではないようです。楽しく過ごすことができましたが、私には似合わないなと思いました。

私の興味は猫を見るよりも、室内にいる人たちの方が面白かった。猫を相手にする人間の動作や話し方、関係性など、猫を片手で撫でながら、目は客を追ってしまいます。

猫部屋を出て喫茶室に入り、ドリンクを飲みながら改めてガラス越しに猫部屋を眺めます。ふと、学生さん連れの私は、ほかのお客さんからどんなふうに見えているのか、と想像してしまいました。

猫にマタタビの効果

寝ていると猫が布団にやって来る。飼い主にとってこれほどの幸せがあるでしょうか。特に冬はこの幸せを強く感じることができる季節です。寒くなると大抵の動物は動きが鈍くなりますが、人間だけでなく猫は特に寒さが苦手のようです。なにしろ猫の原種は中東の砂漠に生息していたリビアヤマネコですから、「コタツで丸くなる」と歌の文句にあるように、日本の冬が厳しいのでしょう。

昔は日だまりを求めて縁側で寝ている猫の姿も初冬の情景でしたが、近頃は縁側のないマンション住まいになり、日だまりを探さなくても一年中エアコンの効いた部屋で日がな一日優雅に暮らす……そんな猫も多くなりました。

「そんな狭い所で飼ってもいいのでしょうか」と聞かれることもありますが、実は猫にとっては外に出なくても〝平気〟なのです。子猫から完全に室内飼いをしていれば、外に出なくてもストレスに感じませんし、外で餌付けした猫を家の中で閉じ込めるように飼っても、個体差はありますが次第に馴れます。また、猫はトイレなどのしつけも犬と比べても楽です。

室内飼いに適した猫ですが、多くの飼い主さんたちは爪研ぎに頭を悩ませているようです。「ソファや柱がボロボロになってしまうので困っています」と受診の際によく相談されます。猫は室内飼いのストレス解消のために、爪研ぎで飼い主に当たっているわけではありません。野生の猫は鋭い爪で獲物を捕らえます。爪を常にとがらせておくことは、祖先から受け継いだ野生の本能です。また、研いだ跡が一種のマーキングにもなり縄張りの主張にも繋がっているのです。このように爪研ぎは猫にとって本能に基づいた自然な行動のひとつと考えてください。

一方で「爪研ぎ器があるのに家具でしてしまいます」との悩みも聞かれます。「爪研ぎ器はどこに置いていますか?」と聞くと「廊下や部屋の隅」といった答えが返ってきます。

こんな場合は「爪研ぎ器を部屋の真ん中に持ってきてください」とアドバイスします。

マーキングは存在を誇示するために行います。つまり自分の縄張りの真ん中や目立つ場所で行うのです。室内飼いの場合、家全体が猫の縄張りになっているため部屋の隅に置いても使いたがりません。

多くの場合はこれで解決しますが、それでもダメな場合は猫が気に入る爪研ぎ器を何種類か買い与え選ばせてあげましょう。また、飼い主が手作りするのも良いでしょう。40〜50センチの角材に古くなった背広や綿の靴下を切って巻き付けたりします。角材の代わりに水を入れた2リットル程度のペットボトルを使っても良いでしょう。

マタタビは依存性がない

効果的にしつけるためにマタタビを使うのもひとつの方法です。爪研ぎ器を作ったらその上に粉末のマタタビを撒きます。すると猫は好んで爪研ぎ器に向かうので、そこで爪研ぎをすることを覚えるでしょう。また、トイレに誘導するときにも役立ちます。しつけ以外でも猫が玩具に反応しなくなった時に、マタタビが仕込まれたものを与えると目の色を変えて夢中になり大変満足します。

マタタビを与えると、まるで酔ったようになるので「マタタビ依存症になるのでは」と心配する飼い主もいますが、依存症を心配する必要はありません。マタタビに含まれるネペタラクトンという物質が、猫に高揚感や陶酔感など酔ったような感覚をもたらすのですが、酔ったような状態は5～10分で収束するので猫にとってはほど良いストレス解消になります。

依存症にもならず、酔い覚めもいいのですが、頻繁に与えるとマタタビの効果が薄れるので、間隔を置くことが最大限の効果を引き出す与え方になります。何事も〝ほどほど〟がちょうど良いのでしょう。

同じ猫科のライオンやトラにも効果のあるマタタビですが、すべての猫に効くわけではありません。反応が少なく、すぐに冷めてしまう猫やまったく興味を示さない猫もいます。また、一般的には雌猫よりも雄猫が反応し、子猫にはまったく効かないといわれています。

メスよりもオスのほうが反応して子どもには反応がない、すぐに冷めてしまったり、まったく興味がないのもいるなんて、人間の異性に対する本能みたいですね。

マタタビを与えるときは、よく観察して効果的に与えることです。上手に使えば、健やかな生活に役立てることが可能です。

私にとってのマタタビとは、ペットと遊んでもらうこと、チャンスがあれば人と会い交友を深めること、社会との接点を切らさず、自分の視点を広げること、でしょうか。

ウサギを飼育していた犯罪者

オウム真理教事件の容疑者が、相次いで身柄を確保された件で、ウサギに関するエピソードを知りました。最近のウサギブームと関連して、心を癒やしてくれる小さな動物の話題を取り上げたいと思います。

日本中を震撼させた、あの大事件から17年目の容疑者逮捕でした。事件のせいで人生が大きく変わってしまった人や、今なお後遺症に苦しむ人、親族の命を奪われた遺族など、多くの人が癒えない傷を抱えている中、理不尽な犯罪は誠に憎むべきものであり、この一連の逮捕によって一日も早く事件の全貌が明らかになることを願っています。

多くの人が苦しんでいる一方で指名手配犯とされた容疑者たちは、17年もの年月をいかに過ごしていたのでしょうか。

高橋克也元信者が逃亡中に使用していたキャリーバッグの中には、教祖の著書や写真のほか、説法の録音されたカセットテープが入っていました。加えて教祖のことを「尊師」と呼んでいることなどから、教団の教えなどを支えに逃亡生活を続けていたと見られています。17年にも及ぶ極限の逃亡生活をさせる洗脳の恐ろしさを感じます。

昨年末、同じく指名手配犯だった平田信元幹部は自ら出頭しました。この出頭の背景には1羽のウサギがもたらした、心境の変化が深く関わっていることをご存じでしょうか。週刊文春にオウム真理教をはじめカルト問題を数多く手がける滝本太郎弁護士の手記が掲載されています。

滝本弁護士は「オウム真理教被害対策弁護団」に加わり、オウム真理教を巡る裁判に20年以上前から関わってきました。「教祖以外は皆被害者」という立場から、死刑が確定した元信者への執行回避を訴えるほか、平田元幹部を含む指名手配犯へ出頭を呼びかけるなどの活動をしていました。この手記には、平田元幹部の出頭に至るまでの心境が詳細に書かれています。

オウム真理教が引き起こした数々の事件に関わった平田元幹部は、95年5月から同じく信者の斎藤明美元信者と逃亡生活を始めました。日本中を転々としたそうですが、15年ほど前に大阪に落ち着き、斎藤元信者が偽名で就職して生活を支える一方、平田元幹部は一歩も外に出ず、ベランダに出るのも夜中に星を眺めるだけ、言葉を交わすのは斎藤元信者だけという息が詰まりそうな逃亡生活を送っていました。

17年もの間そんな逃亡生活を続けた末、なぜ昨年末というタイミングで出頭したのでしょうか。手記では、主犯だとされた警察庁長官銃撃事件が時効になり、間違った逮捕の可能性がなくなったこと。東日本大震災で多くの無辜（むこ）の人の命が奪われたのに、オウムに所属し犯罪に関わった自分が元気でいることへの不条理などの理由に加えて、飼っていたウサギが昨年の8月に亡くなったことを挙げています。

誰の心も平等に癒してくれるペットの存在

平田元幹部と斎藤元信者は逃亡生活の中、2000年の7月15日に1羽の白いウサギを飼い始めたそうです。その日から生活の中心はウサギになり、世話は平田元幹部がすることになりました。部屋から一歩も出られないのですから当然のことでしょう。突然、夜中に大声を上げるなど不安定な状態だった平田元幹部は、餌やりや掃除、毛づくろいなどの世話をすることで落ち着きを取り戻し、斎藤元信者とケンカをすることもなくなったそうです。

彼らはウサギを飼い始めてからお互いを「パパ」「ママ」と呼び合ったそうなので、ウサギを中心とした疑似家族のような心理状態だったことが伺えます。ウサギの誕生日も決めたそうですから〝誕生祝い〟もしたのでしょう。そのウサギは昨年8月13日に亡くなりましたが、一般的に4～5年といわれるウサギの平均寿命に対して、11年間も生きたのですからいかに愛情を注いで世話をしたのかがわかります。

ウサギの臨終には動物病院に入院させ、死後は火葬して遺骨を骨壺に入れお線香をあげたそうです。その後、平田元幹部と斎藤元信者は教団に拉致された上に殺害され、証拠隠滅のために遺灰を本栖湖に遺棄したという事件の被害者を思い「あの事件の遺族は看取ることも、遺骨を拾うこともできなかったんだ」と話し合ったそうです。家族同然だったウサギを失ったことで、自らの罪の深さを知ったのではないでしょうか。

そして、平田元幹部は昨年12月31日に出頭します。ウサギに縁を感じていたのでしょう「卯年の最後にけじめをつけたい」といい、警視庁丸の内警察署に出頭。斎藤元信者は今年1月10日に滝本弁護士と同行して自首しました。ウサギの遺骨はほかの所有物と一緒に証拠品として警察に任意提出した後、還付を受けて今は滝本弁護士が保管しているそうです。

記事の書き手が弁護士だけに「不利な情報は書かれていないのでは」、「ウサギを飼っていたことをアピールして、同情を引こうとしているのでは」という意見もあるでしょう。しかし、私は純粋にペットを飼うことで、慈しみ愛情を注ぐ対象を得たからこそ、辛く悲しいその喪失という体験を経て狂信から解き放たれた。ペットによって人間本来の感情が甦ったと考えたいのです。

もちろん、上記の例は極端ですし、犠牲者の親族の心境を思えば自首したからといって、犯した罪を許せるものではありません。しかし、ペットとの幸せな関係を築くことができた人であれば、共感できるエピソードであると思います。

飼養頭数の減少を受けて、ペット業界を挙げた飼養に関するキャンペーンを行っています。その中で、盛んにいわれていることが「ペットを飼うと家族の絆が深まる」、「子どもの情操教育に役立つ」というものです。軽く扱うことはできませんが、私はこのエピソードこそ業界が提唱する「ペットを飼う事によって現れる効果」を示す好例のひとつだと思っています。

犯罪者の心を動かし更生への道へと導いたウサギの魂は、虹の橋のたもとで、飼主を待っているのでしょうか。

最愛の動物、馬について

馬と人との関係は古く、今から約5千年前に家畜化したと考えられています。それまで食料として狩猟の対象であった馬（ウマ科ウマ属）が、人の役に立つ動物として飼育されるようになりました。

人や荷物を乗せて移動する輸送手段のほか、荒れ地を開拓したり、広い農地を耕作するといった作業に利用されてきました。使役動物としてでなく、最近はホースセラピーといった人の心を癒やす目的で飼育されている馬も登場しています。私自身もこの馬に心と体の健康を維持してもらっているひとりです。

私の日課は、朝5時30分の目覚まし時計で始まります。目覚ましが鳴ったら、まず、部屋中の電気と、テレビを点ける。それから、おもむろに冷たい目薬を差した後、カーペットに仰臥し、脚と手をバタバタ動かして体をほぐす。私流の目覚ましウォーミングアップです。

その後、車に乗って、自宅から8分くらいの距離にある乗馬クラブ「アシエンダ乗馬学校」に向かいます。乗馬クラブには約80頭の馬がいて、オーナーのお嬢さんは２００９年の北京オリンピックの馬術競技に出場されました。オーナーは最初「道楽です」といっていましたが、道楽でも一筋に打ち込めば、それなりの実力と社会的名誉を得られるというひとつの実例かもしれません。

私は開業した時からの会員で、ここに所属して足かけ40年以上になります。あくまで学生時代からの趣味の延長と割り切っていますが、乗馬場に着くと、気配を感じた馬が甘えるように私に向かっていないなくのです。一日が始まる朝一番のラブコール。これがあるから、寒かろうが、暑かろうが、雨が降ろうがついつい通い続けてしまうのです。

乗馬クラブは、9時始まりですが、厩務員は6時15分には来ていて作業を始めます。馬は1日3食で、6時30分に通称〝飼いつけ〟といわれる朝食が始まります。食べてすぐ運動はできないので、朝の運動は、馬の食事前にしなければなりません。自然に朝早くなるわけです。

馬に頭絡（とうらく）を着けて厩（うまや）から出してやると、馬は喜んで付いてきて、厩舎の周りを約10分間、一緒にぶらぶら散歩をします。私は、ポケットの中にヘイキューブ（干草を立法体に成型した飼料）を忍ばせておき、大体1分間ごとにひとつずつ与えます。馬は食べ終わると、私の身体を押して、もうひとつよこせと催促します。それを繰り返しながら、約10分間のウォーミングアップをします。

散歩が終わると、洗い場に馬を繋いで、ブラシで顔や尻などに手入れをしてやる。脚を一本、一本上げて蹄鉄に詰まった泥なども取り除きます。寒い季節は馬着を脱がしてやるのも仕事のひとつです。

手入れが一通り終わると鞍を着けます。鞍の下にゼッケン（毛布）を敷き、肩の亀甲部分が鞍に擦れないよう、その部分にクッションを当てて鞍を乗せるのです。帯で締め付けて鞍と馬の腹を密着させるのですが、馬は締め付けられるのを嫌がって、噛む動作や、後ろ脚で土を掘って蹴る動作をすることもあります。まともに蹴られたら結構痛いので慎重です。なだめたりすかしたりしながら、隙を伺いながら締めるので、ボーっとしていられません。一日の始まりとして素晴らしい緊張感でもあります。

私が乗っていた馬は何頭かいますが、今の馬は、走る芸術品といわれるサラブレッド種の牝馬、8歳のアリエールで、顔は細面の美形、栗毛の非常に美しい体形をしています。おとなしい性格で、前方から馬が来ると待っていて道を譲ってあげる、淑女です。

鞍とはみをつけると、馬に乗って馬場に出る。最初は並足で5分回る。その後、早足で右回り5分、左回り5分を交互に2回、計20分間乗ってその日の乗馬は終わりです。

乗馬が終わると、また洗い場に行って鞍を降ろす。それから、ぬるま湯で溶いたフスマ（小麦の皮）のスープを与えると、バケツ半分くらいの量をグビーッ、グビーッと吸引しながら、ものの見事に飲み干します。このいかにも満足した様子を眺めるのがまた、馬好きの冥利でもあるのです。

スープが終わると、馬着を着せ、朝の馬との交流は終わりです。

動物病院を経営して年中無休で60年も、われながらよく続けてきたと思いますが、仕事一本槍だけでは覚束なかったでしょう。馬の存在は大きかったのです。この、仕事前の馬との交流があったからこそ、バランス良く続けられたのだと思います。

〝馬鹿〟に馬がつくのはおかしい

私にとって馬の存在は人生に欠かせないものです。利口でないことを〝馬鹿〟といいますが、馬が付くのは何か違う気がします。

きちんと馬と接していれば、馬は愚かな動物ではなく、非常に純粋で、人の気持ちを察します。ただし、犬と違って人の気を引くために特に媚びるということもしないから、業を煮やした人間が、人間の機嫌を取らない愚かものの象徴として手近な鹿と一緒に当て嵌めたのではないでしょうか。馬鹿という言葉をつくった人は多分、カバとかナマケモノは知らなかったから、馬にしたのではないか、そんなことを考えて、気になったので広辞苑などで語源を調べたところ、やはり「馬鹿」は当て字でした。

正しく「莫迦」で、語源は梵語（古代インドの文語）の「ｍｏｈａ」だという。古くは僧侶の隠語として使われていたようです。馬はバカじゃなかったのです。

私自身は馬の心の純粋さがとても好ましく感じます。馬は、草食動物で、元来が補食される生き物だから臆病です。馬の睡眠時間は3時間くらいで、だいたい立って寝ます。敏感で、臆病でないと種族を守れない。人間には聞こえない音が聞こえることも臆病な証拠のひとつでしょう。

例えば、乗馬クラブの脇にお墓があり、その脇道を乗馬中に、いきなり馬がビクッとしたような変な動きをすることがありました。私はまったく気付かなかったのですが、たまたま掃除に来たおばさんが墓の前を通っていたのです。その気配をいち早く耳にして、ビックリしたのです。

また、新しいものにも敏感です。乗馬クラブの通路にコンクリートの部分があり、馬の蹄を傷めるので保護するために厚いラバー敷く工事を行いました。工事が終わった道路を、馬に歩かせようとしたら、私の馬だけでなく、インストラクターが乗っている馬も嫌がって、どうしても入ろうとしないのです。馬から下りて手綱を引いて渡るはめになりました。それくらい臆病なのです。

乗馬していて一番怖いのは、雨の時、馬のそばで傘をパッと広げられることです。馬は急な視界の変化に動転し、それこそ臆病本来の馬脚を露呈し、突然走り出したり、後ろ脚で立ち上がったりもします。乗り手にとって危険極まりない行為です。

私も昔は一般道路でも馬に乗っていましたが、道路には馬を怖気付かせるものがいっぱいあって、危険と判断してやめました。路面に引いてある車線、道路の端に置かれている地下排水道の金属蓋、電車の踏切でレールが光っているのも怖いのです。

日本にも騎馬警官がいますが、馬が、道路で目にするものにいちいち驚いていたのではとても務めを果たすことはできないので、馬の馴致（じゅんち）訓練には相当なエネルギーを費やしていると聞いています。天皇即位のパレードなど、宮内庁に所属する馬は、日々濃密な調教を行っているようです。陸橋下をくぐる訓練とか、特別の音を出しているると聞きました。

世界最大の馬の祭典、エクイターナー

馬好きが高じて、馬友だちとオーストラリアのメルボルンで行われた馬の祭典「エクイターナー」を見に行ったのも楽しい思い出です。

オーストラリアへは羽田からの出発でした。少し早めに行って、新しくできた飛行場を見学しながら、搭乗を待ちます。ハブ港を目指す久し振りの羽田空港は見違えるように変化していました。特に江戸情緒を表現したデザインは、観光客を迎える日本の玄関として、美しく立派でした。

夜11時にシンガポール航空で出発。幾つになっても旅は心弾むものです。シンガポール航空のキャビンアテンダントは民族衣装に身を包み、ぴったりした布地が体のラインにマッチしたボディーコンシャスです。羽田を出てメルボルンのホテルまで約20時間の長旅でしたが、疲れを感じません。ぐっすり眠った翌日、朝食をそそくさと食べ、目的のエクイターナー馬祭りの会場へ赴きます。メルボルン市挙げての歓迎ムードです。なんと、入場券を見せるだけで会場までの電車賃は無料なのです。電車の中はウエスタンハットにカラフルな衣装に身を包んだ人たちで、まさしくお祭り騒ぎでした。

ゲートをくぐると、そこには馬一色の会場が広がります。六つのパビリオンには馬具

や飼料、グッズ、アクセサリーなどのブースが数え切れないほどあり、ミニホース、ポニー、そして見た事もない美しい被毛の馬たちが私たちを迎えてくれました。各々自慢の馬を持ち込み展示しているのです。見ているだけで圧倒され、瞬く間に時間が経ってしまいました。

二日目はあらゆる馬の催しものが開催されます。ポロ競技を生で見学するのは初めてでした。3騎ずつに分かれて馬に乗り、スティックでボールをすくいゴールゲートに放り込みます。馬が自由自在にボールを追い、相手の馬の前に立ちはだかり、それを防ぐ。馬と騎手が一体にならないとどうにもならない競技です。馬に乗ってのクリケットもスリリングで面白いものでした。

圧巻だったのは4頭立ての馬車レースでした。定まったスラロームのコースを超スピードで通り抜ける競技で、馬車といってもトロッコ仕立てに御者と二人の助手が乗り体重移動させカーブをすり抜けるタイムレースなので迫力が違います。イギリスから参戦したチームが優勝しましたが、ものすごい勢いでした。

20頭の牛の群れから1頭だけを切り離すという競技も初めて見学しました。馬に乗り、牛の群れをバラバラにして、その中より狙いをつけた牛をカッティングするのです。1頭だけにされた牛は群れに戻りたくて猛ダッシュしますが、それを阻止しようと牛の前にヒラリヒラリと立ちはだかり、牛が諦めるまで気を許さない、緊張感あふれる競技でした。

どの競技も見ていても深い歴史を感じられます。日本ではこんな職業はありませんとても新鮮で、狩猟民族と農耕民族の違いを強く感じました。

私がとても興味を持ったのが、人と馬とのコミュニケーション競技です。人間と接触したことがない馬を4日間でどこまで調教できるかを競います。人間を信頼していない馬をどうしてなれさせるか、大観衆の前で見せるのです。ボディータッチから始め、鞍を着け、ハミを着け、人が乗れるまで4日間でどこまでできるかですが、私は二日続けて見ましたが、人におびえていた馬が背中に鞍を着け、乗馬した選手がいたのには感動しました。真に馬を愛し、優しい気持ちで気長に調教し、決して手荒にはしません。犬の訓練も同じ方向で教えなくてはならないと、強く感じました。

タスマニア島でのトレッキング

エクイターナーの見学の後は、豪華フェリーでタスマニア島に向かいました。大型の客船で、レストランやゲームセンター、お土産物を扱う売店やコンビニまで揃っていました。

レストランの夕食で、メインディッシュにステーキを選んだところが、思わず「えーっ!?」と声が出るほど驚きました。見たこともない巨大なステーキとサラダ、デザートもボリュームたっぷり。ついでに巨大ケーキに巨大アイスクリームです。小型で燃費のいい日本人には明らかなカロリーオーバーとなる量でした。

タスマニアはワインも特産といわれました。私自身まったくアルコールは受け付けない体質で味もよくわかりませんが、同乗者の話では大変美味しいワインだったそうです。船室の小部屋で一夜を過ごしました。

翌朝、船はタスマニア北部の港町デボンポートに着岸し、迎えに来たホームステイ先の女性の車に乗って、宿泊先に向かいました。車は大自然に吸い込まれていき、周辺には牛や羊が群れています。私にとっては心地いい牧場の匂いがして、大自然の中を吹き渡ってくる風が顔をよぎる幸せを実感しました。

普段ならば乗馬の後は慌ただしく過ごす時間なのに、タスマニアのこのゆったりした時間はかけがえのないもののように感じます。

穏やかなタスマニアの朝の空気に身も心も浸っていると、目的地の牧場に到着しました。出迎えてくれたのはオーナーのシェニーとジェレミー夫婦。牧場では馬、牛、羊を飼っていて、ここの馬に乗りトレッキングをするのが、もうひとつの旅の目的でした。

牧場主夫妻は50歳代の働き盛り。子どもは独立して家を離れているので、ふたりで牧場を切り盛りしていました。夫人は日本で生活したこともあり日本語が堪能で、自由に意思疎通できるので助かりました。夫のジェレミーさんは私たちの食事を手際良く作ってくれるコックさんで食事を担当し、妻がそのほかの仕事を担当していて、夫婦そろって効率的に私たちを迎えてくれました。

木造平屋で快適な部屋でしたが、サイズが日本人に対応していません。洗面台が高すぎて、私が顔を洗うと肘を伝って水が垂れてしまいます。トイレも便器が高すぎて、つま先立ちでした。

朝食後、楽しみにしていた乗馬です。私に当てがわれた馬はアラブ種の雑種で、サラブレッドより小ぶりで良いスタイルです。顔も良く性格も穏やかで、耐久力があり、160キロを走る馬のマラソンレースを完走しているタフな馬でした。

乗馬する前に2時間、乗る馬とコミュニケーションを取るためのレッスンを受けました。歩いて馬を引き、動け、止まれ、右に回れ、左に回れ、それをロープ1本で行うのです。そして、タイヤの上に乗せたり、溝の中に前足を入れたり、クランクを廻るなど練習用のコースを反復させます。

オーナーからOKを貰って、いよいよ3時間のトレッキングの開始です。山岳の道なき道を進みました。草原では羊や牛が、心地良さそうに草を食べる姿が見られます。川に入ると馬はグイグイと水を飲みました。薮に入ると木の枝が顔に当たるため、右手で手綱を持ち、左手で枝を折りながら進みました。そして、平原に出ると駆け足で進みます。馬もここぞとばかりに走って、かなりのスピードでした。モンゴルで体験したトレッキングよりは快適でした。

乗っているわれわれが疲れてくると、馬も心得て、頃合いのいい所で休憩してくれてホッと一息。心地良い風が吹いて、汗と疲労を吹き飛ばしてくれました。そしてふと、次の海外でのトレッキングはいつできるかと考えていました。

愛馬セルゴウィーク号とともに

障害飛越競技大会に参加

第三章　動物愛護と福祉の問題

私は開業以来、動物福祉活動に取り組んできました。
以来約60年、ペットを取り巻く環境も変化してきています。

マグロ解体ショーの違和感

毎年正月になると市場の「初競り」が話題になります。青森県大間産のクロマグロが1億5千万円以上という高値で競り落とされたことがあり、大きな話題になりました。それまでの最高値が約5千万円だったので、3倍近い価格にまで高騰したのです、それ以降、どんどん値を釣り上げて、２０１９年は3億3千万円以上という史上最高額を記録しました。

競り落としたのは築地に本店を持つ寿司チェーン店でした。ここ数年、銀座の高級寿司店と香港の寿司チェーン店が共同購入の形で「初競り」のマグロを落札しようと競りに参加し、この築地の寿司店とどちらが落札するのかを競っていました。価格は年々高騰し、マスコミからも高い注目を集めていました。

これほど高くなった理由は、昨年の初競りで、本マグロを最高値で落札した水産仲卸「やま幸（ゆき）」と、一昨年まで6年続けて最高値で落札してきたすしチェーン「すしざんまい」の運営会社が競り合った結果だそうで、ものすごい値段です。

中小・中堅企業が厳しい経済状況に苦しむ中、久し振りの〝景気の良いニュース〟として、取り上げられました。「競り落とした寿司チェーン店名が、各マスコミに取り上げられることの宣伝効果も考えれば、この法外な価格も安いもの」といった趣旨の論調もありましたが、私はこの一連の報道に強い違和感を抱かずにはいられませんでした。あまりにも落札価格や経済効果が強調され過ぎて、豊かな自然からの恵みの象徴である大きく育ったクロマグロへの敬意や、食べる事への謝意に欠けた内容になっていると思ったからです。

好奇心から、近所の寿司屋で行われたマグロの解体ショーを見に行った時も同様に感じました。マグロに包丁を入れるたびに客から歓声が上がっていましたが、解体する職人、それを見守る客からもマグロに対する敬意や感謝が伝わってこなかったのです。

マグロは食べ物である前に生き物であって、その命を人が食べるという行為があまりにも軽くなっているように思えました。私は自分の名刺に尊敬するシュバイツァー博士の言葉を引用しています。曰く「すべての生き物に尊厳を！」。私は解体されるまま、切り刻まれて食らわれるマグロが非常に哀れに見えて仕方がありませんでした。

違和感を抱いたのが私だけで、このようなことが普通であるとしたら、日本人が共通して持っていた大切なものが失われてしまったと思わざるを得ません。

命を〝いただきます〟

日本人は食事の前に「いただきます」というように習います。今も昔も家庭や学校で繰り返しそういっているはずです。これは人が生き永らえるためには、動物や植物の「命をいただかなければならない」ということへの謝意、そして感謝と敬意の表れです。

私は〝食べる〟という行為はほかの生き物や、他人に対する心の在り方に直結していると思います。マスコミの食べ物に対する記事などもコスト、販売価格、味、量ばかりになっているようです。多くの人がこの内容を良しとするのであれば、口先だけの「いただきます」で、その心は失われてしまったといえるでしょう。

食べ物は命です。それを育んでくれるのは自然なのです。しかし、自然は時に猛威を振るい、人からあらゆるものを奪います。台風や豪雨により、浸水被害が広がり、1年以上経った今でも被災されている方がたくさんいらっしゃいます。

特に東日本大震災を体験した私たちは、自然の前で人は無力であることを思い知ったはずです。農耕民族である日本人は先祖代々、豊かな実りをもたらし、時に荒ぶる自然を崇拝し謙虚さを忘れませんでした。これは、古来から途切れる事のない日本人が持つ宗教観かもしれません。

ラジオ番組「こども電話相談室」で、回答者として共演した無着成恭さんは僧侶で教育者の立場から「家庭教育の根本は宗教教育であり、宗教教育はまず第一に食事の時に行われる」と述べています。

妄信的ではなく、哲学的な意味で命の在り方を考えるという宗教観であれば、私は宗教というものが日本人の忘れてしまったものを取り戻す手立てになると思います。

人や自然を尊び思いやる気持ちは、時に非効率的であり物質的な豊かさと相反すると考えられるかもしれません。もちろん、現在のわれわれの生活は物質的な豊かさの上に成り立つものではありますが、今以上に人や動植物を思いやる気持ち、自然と触れ合い感謝する心の余裕を持ってもいいでしょう。

そうした心を養うためには、ペットを飼うことが一番です。なぜならばペットは自然そのものなのです。

水産資源という言葉の違和感

日本と共に捕鯨を行うアイスランドからナガスクジラ肉の輸入が急増しています。価格が安く、輸入量は5年間で10倍にもなったそうですが、これに伴って捕鯨に反対する団体の動きが活発化し、日本に送る鯨肉の荷揚げ自粛を該当国の港湾当局に働きかけるなどの抗議行動を行っているそうです。

ナガスクジラ肉を使ったペットフードを販売していた日本企業も海外の団体の抗議によって、取り扱いを中止するまでに追い詰められてしまうというケースも出ています。

捕鯨について国際的に大きな発言力を持つ国際捕鯨委員会（ＩＷＣ）ですが、日本は１９５１年に条約加入しました。ニュースなどの印象ではＩＷＣが日本の捕鯨に横やりを入れているように伝えられていますが、クジラ資源の保護を図り、捕鯨業の適正化を目的とするために設立された国際機関であり、捕鯨を全面的に禁止していないのです。

現在日本は禁止されているナガスクジラの捕鯨は行っていませんが、小型のミンククジラについては〝調査捕鯨〟と称して獲っています。

調査捕鯨という語句が誤解を招きます。調査のためになぜ鯨を殺さなければならないのでしょうか。疑問に感じる人もいるでしょう。実は、水揚げした鯨を解剖しなければ年齢、生態、生殖関係がわからないのです。

私は調査捕鯨という行為はＩＷＣの妥協の産物だと思っています。調査も必要ですが食文化も絶やしたくないということでしょう。因みに〝調査捕鯨〟という言葉ですが英語圏の報道では〝Scientific Whaling〟と表記されているそうです。

南極海は鯨の保護区域で、日本が行う調査捕鯨はＩＷＣの条約に則っています。過激な破壊行為で知られるシーシェパードのような団体には譲歩せず、断固闘わなければなりません。

海で獲れる食用の魚などを水産資源といいますが、私は生き物を〝資源〟という言葉でひとくくりにする表現が大嫌いです。大学でも「海の資源」といった学部名にするところもありますが、「生命」という一語で良いのです。資源という表現では生き物の痛みが感じられなくなってしまいます。

古来、日本人は鯨食のみならず鯨について、その大きさと、もたらされる豊饒な恵みに対しては畏怖に近い思いを抱いてきました。日本全国の沿岸部にある鯨塚や鯨の魂を鎮撫するために建てられた鯨神社はその象徴でしょう。「鯨に捨てるところなし」といいますが単に蛋白質を補給するだけでなく、鯨から過分な恵みをいただくことに感謝する心を受け継いできたのです。そういった文化を持たない国の人々には未開国の野蛮なアミニズムとしか映らないかもしれませんが。

日本は自然を愛し無益な殺生を禁じたやさしい民族でした。江戸時代の川柳には「楊貴妃は綺麗な顔で豚を食い」と、肉食を揶揄するものもあります。ケモノを口にすることはケガレとして極力避け、魚や鳥を食べていました。〝魚へん〟が付くクジラは魚と認識していたのでしょう。

食文化、伝統文化、神事などいろいろあるでしょうが、生き物を殺すことや痛めつける行為は、しないに越したことはありません。

時代の変化、生命の価値

日本は戦争の名の下に自国や諸外国の人や動物、自然にも大きな損傷を与えました。〝国破れて山河在り〟と杜甫は詠いましたが、第2次世界大戦で日本は山河すら失う経験をしました。物のない生活が一転して、今では全国どこのスーパーマーケットでも牛鶏豚など肉類が当たり前のように並び、フォードの工場を模した回転寿司に行けば大量の寿司が流れています。いずれも食べ切れないものは破棄されます。いつの間にかこんな食生活が当たり前になってしまいました。

今の日本は鯨肉に頼らなくても肉類は溢れています。かつては日本人の蛋白質摂取に貢献した鯨肉は食卓に上ることもなく、珍味のひとつとなり、諸外国から因縁をつけられる食べ物になってしまいました。もちろん食文化として絶やすべきではないかもしれませんが、時代は変わったのです。

人類の発展は荒ぶる自然を意のままにコントロールしてきた残酷な歴史でもあります。有史以前から、人は自然に対して無力でしたが、科学の発達と産業化によって人間が自然のバランスを崩し、さまざまな種の動植物の絶滅など、取り返しのつかない自然破壊を引き起こす事が増えてきました。

生き物、食べ物、道具など、〝物〟を大切にしてきた時代から今や食べ放題、捨てる文化に溢れています。あまりにも命を軽く扱っていませんか？　鯨だけでなくすべての生命に尊厳を持ちたいものです。

日本ばかりバッシングされるのも心外なことで、鯨を絶滅寸前まで追い込んだのは欧米人です。化石燃料が普及する前は鯨から取れる油を燃料としてランプの灯りにしていました。この膨大な需要のため鯨は乱獲されてしまいます。江戸時代、アメリカの黒船が日本に開国を迫ったのも、遠洋漁業のための補給港にする目的がありました。

どの国も自然からの恩恵を当然の権利のごとく曲解し、自然破壊を繰り返しましたが、やっと自然の大切さに気付き、反省の時期に来たのではないでしょうか。

娯楽や賭けの対象として牡牛と犬を戦わせた歴史を持つイギリスが、反省の下に世界の動物福祉に寄与しているのは素晴らしいことです。日本もさまざまな反省を含め、世界平和、動物福祉に貢献したいものです。

畜産動物の福祉を考える

シュバイツァー博士に「われわれは生きようとする生命に囲まれ、生きようとする生命体である。地球のすべての生命に連携している生物である。すべての生き物に尊厳を！」という一説があります。

私の名刺には、60年も前からこの最後の結びの言葉、〝すべての生き物に尊厳を〟を印刷し、使っています。動物の医者として60年、犬や猫の受難の時期を脱して今があります。

年間100万頭を上回る犬、猫を毎年毎年ガス室に追い込み、殺処分していたのは今から30～40年前の昔話となり、今や、処分をしてきた行政のシェルターも新しく建て替えられ、もはやガス室さえなくなってきている。まさしく隔世の感というやつです。私の生きているうちに、ここまでくるとは、思ってもみませんでした。

身近で目に見える場所で暮らしているペットの生活環境は格段に向上しましたが、ペット以外に、人々の生活と密接に関わっている家畜たちはどうでしょうか。経済動物という一語で見過ごされてきてはいないでしょうか。

毎日、私たちの食卓に上がるこの命にも、福祉の手を差しのべ、生活環境の改善を目指す必要があります。せめて屠殺されるまで、苦痛のない生活を保障するべきでしょう。ペットと違い、私たちの目の届かないところで飼育されている家畜たちにも、もう少し私は関心を持ってあげるべきだと考えています。

霜降り肉を美味しく食べるために

経済という大きな歯車の中に組み込まれてしまうと、私たち個人の力が及ばないことも多いものです。企業や行政や団体に支配されてしまい、経済効率が優先されて、なかなか改善が進まない。私たち消費者も深く考えることなく、安いもの、安いものへと目が向きがちです。

経済的効率を上げるため、家畜にしわ寄せが来る事態は避けるべきです。利益を抑えて、家畜たちの命を尊重できるシステムづくりがこれからは求められるでしょう。

人間だけがいい思いをするのではなく、命を捧げてくれる家畜たちに寄り添った仕組みづくりが大切です。そうやって、命を大切にすることが、巡り巡って、人間の命を大切にすることに繋がると私は信じています。

畜産動物への感謝の気持ちと同時に、命に寄り添う気持ちが必要ではないでしょうか。牛は草原を移動して、自然と共に生きています。四季折々の草や山菜などを食べて一日を過ごし、生育し、大人になり子孫を残します。

しかし、家畜である牛はほとんど放牧されずに、生涯鎖に繋がれて、食べることも、糞をすることも、寝るときも、限られた面積で生きることを強いられます。もちろん、食事は飼料で、食べたいものを選べず、遊びたくても許されません。交尾などあらゆる「生き物の本能」のすべてを管理されて、閉ざされた空間の中で生涯を終えるのです。食用として、すべては人間の好む肉のために、命を捧げるのです。霜降り肉は美味しいものですが、濃厚飼料を強制的に食べさせられ、メタボの体にさせられた牛の肉です。そして、屠殺数日前から、ビタミンAぬきの飼料に変えられ、何パーセントかの割合で視力障害の牛を作って、屠場に向かう運送車にも乗れず、無理やり歩かされる。その姿は哀れそのものに思えて、仕方がありません。

さらに辛いのは飼育するために危険であるという理由で、角を切断される牛がいることです。角には神経も血管もあり、無麻酔で施術されるのは耐えられない痛みを伴うことは疑いようもありません。まさしく動物福祉に反するものと思われます。

最近は断尾させられる事例があると聞いています。搾乳するとき尾が邪魔になり、糞をふりかけるという理由から切断されるのです。すべてこれらの行為は人間の都合で行われているものです。

皆さんに、もっともっと家畜のことを知っていただいて、本来の牛の生活に近付けてほしいのです。もちろん、私は肉を食べるなと言っているのではありません。食べる時には手を合わせて感謝して「いただきます」と心からいうこと。そして、感謝とともに適量を美味しく食べていただければよい、ということです。

生産性と動物の命について

次は鶏肉（とりにく）ブロイラーの話です。鶏肉の日は10月29日だそうで、確かに〝トリニク〟と読めないこともありません。鶏肉は、牛や豚肉と比べて宗教的なタブーが少なく、世界中で鶏肉を食べる食文化が根付いています。

ブロイラーとは肉を取るために品種改良して、生後50〜55日ほどで体重2・5〜3キロに達すると食肉用に処分される雑種の鶏（にわとり）のことです。

ピヨピヨのひよこが50日足らずで処分され肉になります。鶏の寿命は10年はありますから、なんと短い一生でしょうか。日本ではチャンキーと呼ばれている品種が80％を占めています。

ブロイラーの過酷な飼育環境

ブロイラーの99％は平飼いです。採卵用のバタリーケージと比べると飼育環境はいいような気がしますが、そうでもありません。1平方メートルの中に約16羽が生活します。1グラムでも多くの肉を取るのが目的なので、運動はもちろん、一日中照明をつけて採食を促します。鶏の習性であるグループづくりも無視して、ひたすら体重増を目指し、2・5〜3キロになるまで約55日間、食べさせるだけの飼育です。

床の敷物は汚れ、足の裏には傷が付き、疼痛から来るストレスは過酷なものです。体重の過多から骨格や筋肉が整わず、歩行困難から起立不能に陥ったり、心疾患も多発する傾向にあります。

鳥は、酸素供給量が多いため、換気が必要ですが、これを怠ると呼吸器病になるほか、熱中症にもなります。過密は病気を呼び寄せます。鶏肉を食べている人の何パーセントが、この鶏舎の過酷な状況を知っているでしょうか。

もともとヨーロッパでは、鶏肉は焼く、茹でる、煮るのが主流で、油で揚げる習慣はありませんでした。一方、アメリカの黒人労働者の故郷では、小麦粉で作った衣をまぶし、香辛料、スパイスを付けて油で揚げた鶏肉が、ソウルフードでした。

日本でフライドチキンが一般消費者に向けて販売されたのが1970年、大阪万博にフライドチキンの専門店が出店したのが最初だといわれています。今やその味は定着して、コンビニの店頭でも普通に見られるようになりました。

スーパーで販売される鶏肉の約90%がこのブロイラーです。国産若鶏の肉としてパッケージの中に納められ、一滴の血も見せずに整然と並んでいます。胸肉、ささみ、もも肉、手羽等さまざまな部位が販売されていて、牛、豚と比べると安価です。

これらはすべて、過酷な鶏工場から供給されているブロイラーです。生産性を高め、安価を求めた過酷な生産方法が、世界中に広がっています。

鶏の適切な環境や、習性を奪い、あまりにも過酷で福祉とは懸け離れた状態を誰もが見て見ぬふりをしているような気がします。

こうした工場で鳥インフルエンザが蔓延してしまうと、生きながら土中に埋められ、消毒処分させられてしまうのです。何か間違っていないでしょうか。

　最近ではこうした工場生産方式に異を唱える生産者もいます。緑の牧草地で陽を浴びて、仲間と触れ合い、じゃれ合い、時を告げ、エサをあさる等の自然でのびのびした姿を見ていると、食べられる運命とはいえ、幸せな気持ちになります。

　生産者の皆さまが大変な苦労をしながら、手をかけて飼育している姿を見ると、多少高くてもこうした「命を大切にする生産者」から購入したいと思うのです。

レグホーンとロードアイランドレッド。ブロイラーでは短期間に成長するチャンキーなどが多い

すべての生き物に尊厳を

一般社団法人ペットフード協会が行った「全国犬猫飼育実態調査」によると、2017年9月に20~79歳の男女63，123人を対象にした調査で、ペットの平均寿命は、犬が14・2歳、猫が15・3歳でした。

1990年の調査では犬が8・6歳、猫が5・1歳だったので、当時から比べると犬・猫ともに平均寿命は大幅に延びました。なぜ、こんなにペットの犬猫は長寿になったのでしょうか。

第1の要因は感染症（伝染病）の激減です。かつてはあの恐ろしいジステンパーやパルボウィルスに感染して死んでいきました。ブリーダーのところや流通経路やペットショップでも多くの犠牲が出ました。感染症の多かった時代は絶えず飼い手とのトラブルが絶えなかったものです。

それが近年ワクチンの質が高まり、接種率も高まり、ブリーダーやペットショップにいる間に何回ものワクチネーションがされた結果、感染症で亡くなる犬猫は激減していったのです。

あの死屍累々の時代を体験してきた私たち獣医師から見れば喜ばしい限りです。犬猫も発病することがなくなり、飼い主さんも健康な子犬を家庭に迎えることができるようになりました。

また、過密化しているとさえいわれている動物病院の存在もペットの長寿化に貢献してきました。近所にかかりつけのホームドクターがいれば、生涯にわたってペットの健康相談を受けることができます。ノミ・ダニの予防や定期検査まで、なんでも気軽に相談できるステーション病院は、ペットにとっても飼い主にとっても心強い存在でしょう。

もうひとつ、私が長寿の原因のひとつと考えているのはペットの栄養面での質的向上です。離乳食用フード、発育用、アダルト用、シニア用フード、缶詰、ドライ、なんでも揃っています。かつてよくあった、栄養不足からくる病気はほとんど見かけることがありません。

逆に、栄養過多、肥満対策の方が深刻な健康問題となっていますが、ペットフードは犬猫たちの長寿に大変貢献しているひとつでもあります。

放浪猫の福祉問題

私が気になるのは、私たちの周りにいる飼い主のいない放浪猫、いわゆる野良猫の寿命です。先ほどの数字はあくまでも飼い主のいるペットの平均寿命の話です。野良猫の平均寿命は4～5歳といわれています。人間のように新生児から死亡までの計算にしたら、もっと短命でしょう。

飼っているのか、いないのかわからないような放浪猫をよく見かけます。室内外を自由に行き来して、食餌エサだけ貰いに来て、どこで寝ているのかもわかりません。

こうした放浪猫は生後6ヵ月になると発情期を迎え、本能のまま交尾して妊娠します。妊娠期間2ヵ月で出産しますが、こうした猫たちは安心して子育てできる場所がありません。ペットであれば飼い主の庇護の下にエサと温かい寝床を貰い、よしんば出産となれば、産箱を用意してもらうでしょう。放浪猫は大きなお腹を抱え、エサを貰いに廻り、出産場所を探し、安心して育児できるところを探して必死に移動します。幸せに暮らしているペットの猫たちと比べると、あまりにも差があります。

相次ぐ猫の不審死

東京都大田区では、猫の不審死が相次ぐ中、33歳の男が逮捕されました。「野良猫の餌やりに腹が立った」という身勝手な犯行理由から猫を殺したのです。餌に農薬や不凍液を混ぜ殺害したと供述しているようですが、殺害した数は40～50匹という報道でした。あり得ない数です。

不審死についての騒ぎが大きくなったことに対し、身辺に捜査が及ぶのではと不安を覚え、物証を始末しようとしていたところで、警察官の職務質問を受けました。自転車に積んだ箱の中に数匹の猫の死骸があり、逮捕に至りました。ものいえぬ弱い生き物に理解を示さない、断固として許されざる行為です。警視庁は器物破損容疑で立件しました。

「人と動物の共生へ」もう一歩踏み込んだ社会へ

猫によるトラブルは全国で起きています。餌やり、糞尿、増え過ぎなどの苦情が行政へ多数、寄せられています。

私は国も自治体もこの猫の問題にもう一歩踏み込んでもらいたいと考えています。捕獲機で捕まえ、不妊手術をしてその場所で近隣の理解を得て一代限りの命をまっとうさせてやる。ここまでは「地域猫」として国のガイドラインもできていますが、現場ではさまざまな問題によって、適切に運用されているとはいい難い状態です。

不妊手術費用の負担、捕獲機の扱い、そして餌やりや掃除する人の確保。このほか、世話をする人がどれほど猫への知識を持っているか、最終的な責任を誰が負うのかなど、行政の旗振りだけでは不充分であり、近隣住民の理解と協力が必要になるのです。

一概にはいえないことはわかりますが、早く解決しないと痛ましい事件が再び起こる気がしてなりません。猫のためにも、住民のためにも本当の意味の「人と動物の共生」ができますように、皆で努力し、協力し合える社会であればと願っています。

殺処分ゼロへの道

殺処分ゼロ時代の課題

人間の医者は生かすことだけが使命ですが、獣医師は生かすことと動物の安楽死というふたつの使命を持っています。日本の獣医大学では安楽死に関する教育をしていないので、安楽死について、獣医師の間にも統一した見解がなく、混乱があることは確かです。

私は日本動物福祉協会に所属して、ケガや病気で極度に苦痛状態の動物、発育困難な幼弱動物などの安楽死の相談を受けてきました。不幸な動物を救うための使命感からの行為でしたが、世間一般からの風当たりは強かったのです。

確かに、可哀想という感情は十分理解できます。でも、現実的にそれ以外のいい方法がない場合、いたずらに苦痛を与え続けるのは動物にとっていいことなのでしょうか。たとえば1ヵ月か2ヵ月で親から乳離れをした子猫の場合、全部自分で育てるか、他人に引き取ってもらうか、野に放すか、あるいは安楽死をさせるのかという選択が出てくるのです。

日本では動物愛護及び管理に関する法律の中に、自治体は飼えなくなった猫、犬を引き取らなければならない、拾得者はこれに準ずると記されています。一方、環境省の通達では「安易に引き取るな。猫ならば捕獲箱を貸して親を捕獲して不妊手術をしてもらう。譲渡を拡大して殺処分数を少なくしなさい」となっています。

最近は「殺処分をゼロに」と訴える議員連盟が立ち上がり、少しずつではありますが、これまで放浪猫に関する改善の気運が、人々の間に高まってきています。

「犬殺処分、初のゼロ」、そんな神奈川新聞の見出しが目に飛び込んできました。神奈川県には動物保護センターと、そのほか、横浜、川崎、横須賀と3ヵ所の施設があります。その中の川崎の施設の13年度の犬の殺処分が開所以来、初のゼロになったという記事でした。私は「やっとここまできたか」と感無量の思いで胸が熱くなりました。

60年前の惨状

私は獣医学校を卒業後、すぐに地方公務員になりました。狂犬病予防員として働き、来る日も来る日も捨てられた犬の収容に当たっていました。連れてこられた犬の手続きを済ませ、殺処分場に送り込むのです。当時はそれが当たり前として、淡々と業務を遂行しておりました。

全国に「ドッグポスト」と称して、犬を捨てに来る人のために大きな箱が用意されていました。滑り台のような構造になっており、犬を入れると底の方に吸い込まれていくのです。また、「野犬掃討」と称して硝酸ストリキニーネという毒薬を餌に混ぜて処方していたのです。大量の犬が殺処分されていきました。人々の意識もまだ低い時代でした。私はこんなやり方に疑問を抱きつつ、保健所を辞め、横浜で動物病院を開業しました。開業から今まで約60年。殺処分数を減らすために「犬は正しく飼いましょう」と、キャッチコピーを掲げて往診時に走り回りました。そして、日本動物福祉協会に入会し、諸外国の事情、日本の現状、そして動物福祉とは、などいろいろ学びました。同会の横浜支部を立ち上げ、50数年が経ちました。譲渡会も組織的に行い、「全頭は救えないかもしれないが1頭でも救いたい」という思いでした。「保健所の冷たいガス室で苦しんで死なせるなら、私が麻酔で苦しまずに死を迎えてやりましょう」という信念も持っていました。

当時、犬猫に対する行政の扱いは決して愛のあるものではなく、「どのみち、殺される運命だ」とばかりに扱われ、納得できるものではありませんでした。

行政の施設から死の寸前の犬を貰い受け、愛情をかけて安心して寝る場所と腹いっぱいの食事をさせ、数日間飼養して、最後の食事に麻酔薬を入れて安心して寝ているところに最後の麻酔薬を注射して天国に葬ってあげました。当時はそれが最良の選択肢だったと今でも私は思っています。しかし、「ノーキル」を標榜する団体や個人から、私は非難を受けてしまうことになりました。

ボランティアさんに感謝

その後、時が移ろえば環境も大きく変わります。放浪犬はいなくなり、街で生まれるMIX犬、つまり雑種犬はゼロになりました。犬はお金を出して飼うということが定着しています。「血統書を持った犬を一度は生ませてみたい」と思っていた個人の飼い主もゼロになりました。そして、新聞に殺処分ゼロという字が載ったのです。

この殺処分ゼロを持続させるには、大きな努力が必要になります。行政から救出して下さるボランティアさんたちの協力は嬉しい限りです。根底に愛があるからです。でも、ボランティアさんの力にも限りがある事を忘れてはいけません。最近もボランティアさんが能力以上に引き取った結果、多頭飼育崩壊に近い状態に陥ってしまった事例について、相談を受けました。

個人の活動には限界があるのです。ボランティアさんの要望をよく聞き、行政・ボランティア・獣医師の連携が必要になります。

一番は飼い主の意識の問題です。終生飼養を教育し、途中で手放すときはどうするかを、初めから考えておかなくてはなりません。

そして行政が引き取った動物の扱いも、改善していかなければならない課題です。極めて臆病で激しい攻撃性を持ち、人とのコミュニケーションが困難な場合や、高齢や回復しない病気、認知症など譲渡に適さない犬など、実際に飼い主を見つけるのが困難なケースではどう対応していくのか。最後まで面倒を見ることが可能な施設はあるのかどうか。想定できる問題はいろいろあります。混乱を避け、新たな問題が起こらないよう、慎重に対応するべき課題です。

尊厳死・安楽死の対応が遅れる日本

これまで、ほとんどの自治体は、殺処分にCO_2（二酸化炭素）を使ってきました。いわゆるガス室です。CO_2を充分に吸入できない幼齢、老齢、衰弱した犬では窒息死までに時間がかかりすぎ、大変な苦痛を与えていました。

この反省から、なんとか改善しようと、ペントバルビツール（麻酔薬）を使う方法に変わったのです。とても良い改善策で、人間の都合で殺処分するのだから、最期くらい安楽に死なせてあげたい。最後、殺処分するにしても、血の通った温かい配慮が必要だと私は思います。

とはいえ、時間が経てば処分する犬だからといって、ひどい扱いをしてきたのは事実です。以前は暗いところで、採光も換気も充分でなく、見ていても胸が痛みました。フードは1日1回、床にばらまき、掃除はホースの水で犬を追いやり、犬はびしょぬれで放置され、冬は寒く、夏は暑さであえいで過ごしました。真冬の凍る寒さの中、冷え切ったコンクリートの上で震え過ごしていた。

そんな状態であっても、犬たちは飼い主が迎えに来てくれることを信じていたのです。ドアが開くたびに顔を上げて期待していました。しかし、しばらくすると無反応になり、その姿には絶望感だけが見受けられました。そして、苦しいガス室での処分が待っていたのです。私はなんとかしなきゃいけない、と深く心に刻みました。

日本では、安楽死用のペントバルビツールが安定的に販売されていません。私たち開業医もこれを使いたいが、入手困難なのです。アメリカには古くから安楽死用の麻酔薬が普及していますが、日本にはありません。安楽死のための薬を早く発売してほしいと言い続けて、数十年が経ちましたが、いまだ日本には安楽死用の効果的な薬がありません。

ペントバルビツールが必要なのです。苦しませないために必要なのです。自治体の施設でも、動物病院でも必要な薬です。一日も早く安定供給できることを、心よりお願いしたいのです。

かつて日本動物福祉協会のある支部では近隣の自治体が収容した犬を引き取り、しばらく休息させていました。心身ともに疲れた犬たちに愛情をかけ、世話をし、譲渡活動をしました。どうしても引き取り手のない高齢犬や、ガンなど完治できない病気の犬には、食餌に睡眠薬を入れ、意識が消失したところでペントバルビツールで心肺停止させたのです。こうした行為から、日本動物福祉協会は、〝犬殺し〟と強いバッシングを受け続けることになりました。

行政の扱いの悪さを見かねての行為であることは明白なのに、安楽死という一点だけを取り上げて非難されたのです。現場で働いた人たちは、こうしたバッシングによく耐えて、犬たちのために働いてくれました。

現場を支えてくれていたのは、犬たちのために無償で働いてくれていたボランティアさんたちです。また、そうした活動を後方から援助したのは東京本部の理事の皆さんたちでした。その後、自治体が動物愛護管理センターを建設し、支部のシェルターの役割を終えました。私たちはこうした歴史を風化させ、忘れてはならないと考えています。時代は変化し、都市部では雑種の子犬などお目にかかれないほど、施設での収容数が激減しました。隔世の感があります。さらにもう一歩、殺処分ゼロに近付けるように、静かな運動を続けるつもりです。

現在、問題になっているのは猫の方です。

今から30数年前、横浜市は猫の引き取りを横浜市獣医師会に委託してきました。当時、各動物病院がこれに協力しましたが、どうしても譲渡先が見つからない猫は安楽死しなければならず、精神的にも大変な負担でした。この安楽死については理解が得られず、一部のボランティア団体から執拗な攻撃を受けました。協力していた獣医さんたちも攻撃に嫌気をさして、ひとり抜けふたり抜けと去って行きました。

現在では市が収容業務を行っています。

室内飼育、不妊手術の普及など市民の意識も変わり、横浜市と獣医師会からの助成金で、本年度の猫の不妊手術は5千頭以上にも及んだと聞いています。

こうした猫の保護活動は行政や獣医師会だけの力では解決が難しく、ボランティアと自治会、そこに暮らす飼い主さんなど、皆さんの協力が必要です。

お互いに目的は同じなので、互いにバッシングするのではなく、理解し合いながら、譲り合って協力していくことが大切だと思います。

いまだに野良猫への餌やり、それをめぐる住民間のトラブル、そして飼い主のいない猫への虐待は全国至るところで発生しています。

行政の態度も曖昧で、猫に関してはその場限りのいい加減な話しかできない状態です。私自身、この問題の根本的な解決策は、やはり猫の不妊手術の徹底および義務化しかないと考えています。特に飼い主のいない猫に対しては不妊手術を義務化することこそ問題解決の早道だと考えています。

そろそろ重い腰を上げて、野良猫トラブルに終止符を打ち、そして、平和な町づくりを目指すべきでしょう。地域に暮らす人々が猫を巡っていがみ合う社会であってはなりません。アメリカのロサンゼルス市では、ネコは生後4ヵ月までに不妊手術をすることが市の条例として定められました。日本でも不可能なことではないと思います。

ペットの終末医療

安楽死問題に続いて、ペットの終末医療について取り上げてみましょう。日本では、動物の終末医療、ホスピス（末期患者の身体的苦痛を軽減し、安らかに死に臨めるようにするための施設または活動）などの普及が進んでいません。

アメリカは非常に合理的で、動物の死亡原因で一番多いのは病院での安楽死です。私も米国の動物病院を見学しましたが、病気の治療に対する飼い主と臨床医の間のやり取りが非常に興味深かった。重篤で治療の難しいペットに対しては獣医師が安楽死を選択のひとつとして提案します。それを飼い主が受け入れるのです。

私の大好きな馬でも、負傷するとその場で射殺しなさいと獣医師が指導していました。秋山ちえ子さんが朗読して有名になった「かわいそうなぞう」という絵本は、戦時中、上野動物園が飼育動物を餓死させた内容ですが、外国人から見ると非常に残酷な話であると受け止められるようです。お腹を空かせておいて殺すのは虐待だといわれます。苦しませず、一気に殺処分すべきだという意見がイギリスでもアメリカで一般的です。

さらに英米では、飼い主から手放された犬は、寂しくて、保護施設のような所に置いておくこと自体がよくないという考え方もあるようです。飼えなくなったら自分の手で安楽死させる飼い主もいて、私のような日本人の感覚とは差があると感じます。

日本には安楽死を受け入れない思想的な土壌があり、また、生き物の淘汰や殺生が苦手という文化があります。このため、人間に都合のいいものだけ残し、適合しないものは淘汰するという品種改良にも不向きとされてきました。

さまざまな猟に適するように犬をかけ合わせて作出してきた欧米人に対して、日本人は人間の手で犬を改良する歴史や文化を持っていません。日本には、自然界の命は大切にしよう、生き物の殺生は慎もうという〝憐れみの思想〟が脈々と残っているのです。それがペットの安楽死問題を複雑で難しいものにしているのです。

「終生飼養」よりも「終生責任」

最近、動物病院で相談を受けることが多いのは、老いたペットの介護問題です。若い犬猫であれば譲渡もできますが、高齢で立つこともままならず、横たわり床ずれができて、飼い主も高齢でペットの世話ができなくなった時に、どうしたらいいのでしょうか。

ペットの病気や老いを要因とした引き取りは、愛護センターなどでは拒否されてしまいます。動愛法では放置、遺棄には罰則があります。このような状況になった時の道筋がないのです。

動愛法で謳われている終生飼養とは「ペットは寿命が尽きるまで責任を持って飼いましょう」ということです。まさに正論ですし、これまでの悲惨な環境に置かれていたペットを思えば、心地良い響きにも聞こえます。

しかし、飼い主も予想できなかった出来事が起きる場合もあります。大規模な自然災害、病気、家族の死、転居、あらゆる環境変化が起きる時代です。「一生飼います。死ぬまで面倒見ます」と誓って飼った犬猫でさえ、やむなく飼えなくなってしまうことも、あり得ます。

私はそんな辛い事態を目の前にして、目指すべきは終生飼養よりも「終生責任」であると強く思うようになりました。

日本では自然を崇拝し、獣などは食べない民族でしたが、現代では毎日食卓には動物たちの命が載っています。鶏は10年の寿命があるのに、わずか2ヵ月足らずで、唐揚げになって出てきます。

このような社会の中で動物をどう扱うかが難しい舵取りになります。そして、飼えなくなった犬猫はどうすればいいのでしょうか。

ペットに関わるさまざまな問題は「終生飼養」の一語で解決できないと、私は日々、実感しています。目指すべくは終生飼養ではなく「終生責任」なのです。

飼えなくなったペットは自分で努力して努力して次の飼い主を探す。病気が重く、ただ苦痛のみであれば、苦痛を取り去る。最後は家族の中で一番好きだった人の腕の中で獣医さんの麻酔によって苦痛から解放させてあげなければなりません。

「終生責任」とは、飼い主の責任です。ただ、行政に引き取らせる。捨ててくれば誰かがなんとかしてくれる。こんな考えは絶対に改めなければなりません。

〝すべての生き物に尊厳を〟というシュバイツァー博士の言葉は「終生飼養しなさい」という意味ではないと私は考えています。終生飼養はただ生かしていればいいということではなく、動物の生活の質の問題なのです。

安らかな最後を与える事も飼い主の責任

さまざまな事情からどうしても飼えなくなったとき、飼い主自身の責任で新しい飼い主を探すことも「責任飼養」です。人もペットもQ・O・L（クオリティ・オブ・ライフ＝生活の質）を考えなくてはなりません。終生という言葉に囚われて肝心なことを置き去りにしてはいけないでしょう。

また、不治の病や高齢でこれ以上の回復を望めない中、できるだけの治療を施したとはいえ、苦痛と不安の中で、ただただ生かしておくことがいい事なのでしょうか。これは人にも当て嵌まる倫理的な問題です。

異論はあるかもしれませんが、手の施しようのない病に侵され、高齢でこの先に不安と苦痛しか残されていないのならば、自分の腕の中で、家族の中で安らかに眠らせることも飼育者の責任になるのではないでしょうか。

最後の処置を施せるのは獣医師だけです。獣医師の中には安楽死を受け入れてくれない先生もたくさんいます。しかし、飼い主が最後に頼れるのは主治医です。先生方の理解と協力が必要な時代を迎えているのです。

唐犬八之塚　施主は組新吉　慶應２（1866）年と刻まれた犬塚。今から150年以上前に、江戸の火消し新吉が愛犬のために建立しました（東京都墨田区両国の回向院）

美談でない南極観測隊のタロとジロ

私が高校から大学に入った頃の1956年（昭和31年）11月14日に第1次南極観測船が、乗組員55名と犬22頭を乗せて東京港から南極の昭和基地に向け出港しました。船は「宗谷」。今も船の科学館で展示されています。南極観測は当時の先進国が共同で行うプロジェクトで、参加した10ヵ国は日本を除きすべて第2次世界大戦の戦勝国でした。

同年7月発表の経済白書に書かれた「もはや戦後ではない」が、当時の流行語でした。そのような世相の中、この南極観測船は、日本人も未知なる南極を探検して人類の進歩に貢献するという名誉と責任を担っていました。そして、同様の使命を帯びて樺太犬22頭も乗船していたのです。当時の世論の盛り上がりも相当なものでした。

北海道には当時千頭近い数の樺太犬がおり、南極探検に適した40～50頭を選抜。その中には1歳になる3頭の兄弟犬がいました。その名を「タロ」「ジロ」「サブロ」。残念ながらサブロは訓練中に病死してしまいましたが、南極に派遣する優秀な22頭の中にタロとジロは選ばれました。

タロとジロは黒っぽく見えますが被毛は紺色の大型のオスで、体重も40～50キロ以上あり、若さから元気いっぱいの、とても心優しい犬でした。

航路、赤道付近は高温になるため、犬が弱らないようにエアコンが完備された部屋が用意されていたといいます。しかし、馴れない船旅のせいでコンディションを崩した3頭が帰国。残る19頭が南極に向かうことになりました。

美談に隠された過酷な事実

南極はいわずもがなの極寒の地です。気温はマイナス40～50℃。時にはブリザードも吹き荒れます。犬たちの仕事はソリを引くことですが、体力のある樺太犬とはいえ大変であったでしょう。純真な犬たちは隊員たちによく懐き、文句ひとつないわずにひたすら信じ、耐えたのです。

過酷な環境で2頭が病死、1頭は行方知れずになりました。東京港を発った時22頭いた犬たちは16頭になりました。しかし、悲惨な事ばかりではありません。1頭だけいたメス犬のシロ子が8頭の子犬を生んだのでした。

1957年12月、いよいよ第2次観測船が昭和基地に到着する時期を迎えていました。再び南極に向かう「宗谷」でしたが、南極に近付くにつれ悪天候と分厚い氷に阻まれ、立ち往生するという始末。なんとか米海軍の砕氷船に助けられたりもしますが、どうしても昭和基地の近くの港に接岸することができません。

やむなく第2次観測船に搭載していた水上飛行機を派遣し、9名の隊員とオスの三毛猫のタケシとカナリヤ2羽を連れて帰船しました。残るは3名の隊員と犬たちです。

再び飛行機を飛ばしましたが3名の隊員と装備品でいっぱいになり、犬どころではありません。思案の結果、燃料を減らし、装備品を最小限にしてシロ子と8頭の子犬を乗せ帰船します。「宗谷」は接岸の可能性を諦めませんでしたが、天候が回復する様子は見られず15頭の樺太犬を残し、期限の1958年2月24日に帰国の途に就いたのでした。

なぜ、15頭を残したのか。「宗谷」が接岸して越冬隊員3名と必要物資を基地に運べさえすれば、南極観測は継続するはずでした。しかし、観測に必要な犬は残したまま、ギリギリ最後まで諦め切れなかったため、このような結果になったといわれています。

かくして、犬たちは極寒の地に鎖に繋がれたまま、放置されました。この件が伝えられると、国内外から批判の嵐が巻き起こりました。「なぜ、こんな酷いことができるのか！」。南極へ向かう時に激励で過熱した報道は一変、バッシングに変わりました。

私は海外から寄せられた意見のひとつを印象的に覚えています。「餓死させるのであれば、人の手で死なせてあげるべきだ。苦痛を長引かせることは罪悪である」。犬への考え方の違いを少し感じました。

もし、あなたが日本国中の期待を背負って、極地での任務を遂行しなければならない当時の南極越冬隊員と同じ立場だったら、どのような選択を取ったでしょうか？

1959年（昭和34年）1月。第3次南極観測隊のヘリコプターが昭和基地に向かいました。基地のすぐそばで鎖に繋がれ、置き去りにされた15頭のうち、繋がれたまま餓死した犬が7頭。しかし、あるべき犬の死骸のない鎖が8本。革の首輪だけが丸い口を空けて雪の中に埋まっていたそうです。生存していたのは、ご存じ「タロ」「ジロ」の2頭のみ。奇跡の物語として、今なお語り伝えられています。

15頭の犬たちは人間の都合でマイナス50℃になろうという極寒の中、太い鎖に繋がれ南極の氷原に置き去りにされました。犬たちはどんな思いで日々を過ごしたのでしょうか。それを思うと胸が締め付けられ、涙が込み上げてきます。

15頭のうち7頭が鎖に繋がれたまま餓死

極地の長い夜、吹きすさぶ風。寒さに強い犬たちとはいえ、四肢はこわばり被毛は凍り付き、徐々に衰弱していったのではないでしょうか。犬たちは「なぜこんなことになったのか、どういうことなのか」と、混乱して現状を理解できなかったことでしょう。あの犬たちも、今われわれの身近にいる犬と同様に澄み切った目で、疑うことなく、大声を上げることも非難することもなく、迎えに来てくれることを一心に願い、じっと待っていたのでしょう。

しかし、犬たちは45キロ近くあった体重は半分になり、寒さに立ち向かう皮下脂肪もなく、立つこともできず、ただ丸まって死を迎えていったのです。15頭の犬のうち、7頭は鎖に繋がれたまま餓死しました。なんと酷いことをしてしまったのでしょうか。

悲惨な状況の中、6頭は首輪から痩せた首を抜き脱出しましたが、1頭だけ近くで死体となって発見されました。そして残る5頭は行方不明となりました。

翌年、第3次観測隊が来て、タロとジロが発見されました。奇跡が起こったのです。ちなみに、この2頭がどこでどうやって食べ物を見つけて生き延びたのかは、今もよくわかっていません。とにかく、この2頭の生存が日本のみならず世界を湧き立たせました。

苦痛を長引かせることは罪悪

ここからは動物愛護と動物福祉について考えてみましょう。もし、タロとジロが生きていなかったら、日本の動物愛護の形は大きく欧米流の考え方、動物福祉という方向に向かっていったと私は考えています。

仮に15頭の犬がすべて餓死していたら世界からの非難は免れなかったでしょうし、日本でも動物への虐待行為についての意識が、より早い段階で深まっていったのではないでしょうか。

日本は綱吉の時代から〝殺生はいけないこと〟として、弱いものをいたわることを前提にして、ヒューマニズムに重きを置いた社会を目指していました。その結果、あまりにも〝殺生はいけないこと〟という風潮がコンセンサスを得ることになったと私は分析しています。

ペットに対しても、殺生するよりも捨てることで誰かに拾われて幸せになることを期待するという、甘い考えになっていったのでしょう。タロ、ジロの件は「自然の手に委ねた」といったところでしょうか。

海外の報道でタロとジロに関しては、「餓死させるのであれば、人の手で死なせるべきだ。苦痛を長引かせることは罪悪である」という主張で一貫していました。無益な殺生は罪ですが、人間の都合で犬が本来の生息域ではないところに連れてこられて、無責任に置き去りにされたのです。ひょっとしたら、犬が野犬化して他国の観測隊を襲ったかもしれないのです。そうなったら国際的にも大問題となったことでしょう。

日本人の動物愛護に対する意識改革に大きな変革をもたらしたかもしれないタロとジロの存在ですが、2020年になって、新たにもう1頭の存在が明らかになりました。「その犬の名を誰も知らない」（嘉悦洋著、北村泰一監修、小学館集英社プロダクション刊）で紹介されています。

タロジロの再会から9年後、昭和基地で、1頭のカラフト犬が発見されていたのです。日本ではもう1頭の犬の登場と、南極でいかに犬たちが生きてきたかという謎が解き明かされていました。

約60年の時を超えた今でも、犬たちが過酷な環境で生き延びた誇り高き姿に、涙せずにはいられません。その一方で、人間の思惑に翻弄され、苦痛にあえぐ動物たちの姿は今も昔も変わらないのです。

第四章
未来志向のペット共生社会へ

第四章は私が考えるペットと人とのより良い社会づくりのためのいろいろな提案と考えです。私の個人的な体験に基づいた私見なので、間違っていたり、あり得ない妄想のようなものかもしれません。
これまで長年、ペットと関わってきたひとりの獣医師が何を思い、どうペットと人とのより良い社会を築くべきだと考えているのか、少しだけ耳を傾けていただけたら幸いです。また、最後まで付き合っていただいた読者のみなさんへ、私の理想のちょい悪（ワル）爺についてのエッセイも加えました。

ペット葬儀社事件と多頭飼育、ブリーダーの問題

ペットを巡るさまざまな事件がありましたが、ペットの遺体や葬儀に関する関心が高まったのが、今から5～6年前の２０１４年に起きた遺棄事件でした。

栃木県宇都宮市芦沼町を流れる鬼怒川の河川敷で、小型犬40頭以上が死骸や衰弱した状態で放置されているのが発見されました。栃木県警が廃棄物処理法と動物愛護法違反などの疑いで同県那須塩原市に住む男（39歳）を逮捕し、男は容疑を認めました。

これまでも動物の飼育・管理に関わるトラブルから、新聞の社会面などを賑わせる事件は多かったのですが、この件を皮切りに、多頭飼育者の遺棄事件が全国で次々と明らかになったのです。

多数の動物の遺棄や放置、死骸の廃棄事件が報道されましたが、その多くは捨てられている犬猫を憐憫の情に流されるがまま、自分の許容量以上に保護してしまい、立ち往生してしまうケースです。

悪臭、鳴き声、不衛生などから近隣とのトラブルを招き、家族や社会から孤立し、経

済的にも行き詰まる状況に追い込まれてしまうのです。飼い主の身体や精神も異常を来し、ついには動物もろとも行政やボランティア団体のお世話になる姿を、私もたくさん見てきましたし、保護して治療した件数も数え切れません。

こういった不幸な事例は、日本だけでなく世界中にあり「ホーダーさん(注)」と呼ばれています。大半は中年の女性で、社会的には孤立はしているものの、もともとペット好きで愛情深い人です。それが、何かのきっかけで多頭飼育崩壊を引き起こしてしまうのです。

多頭飼育とは違いますが、ある製薬会社が犬の輸血用製剤の研究開発として、多数の犬の飼育を始めました。いわゆる実験動物です。しかし、会社の経営方針が変わって、継続飼育ができなくなってしまいました。この行き場のない犬たちを救出するために、大規模な譲渡活動が行われたことがありました。幸いなことに犬の健康状態も良く、若かったため、新しい飼い主に譲渡されましたが、地元動物ボランティアさんの苦労や努力は記憶に残るものでした。

（注）アニマルホーダー（Animal hoarder）ホーダーとは不用品をためこむ意味で、アニマルコレクターや過剰多頭飼育者とも呼ばれる

市民感情に合った動物愛護を

ペット関連の事件で記憶に残っているのは、埼玉県でペット葬儀会社がペットを供養するといって集めた遺体を山中に放置した事件です。

葬儀会社が供養する経費と手間を惜しみ、骨を放置するという身勝手な事件でしたが、これは廃棄物処理法違反とともに、契約を反故にして遺棄したとして、量刑の重い詐欺罪にも問われました。他人の犬の骨を〝返骨〟と称して渡していたことは、北朝鮮による拉致被害者の横田めぐみさんの遺骨偽造事件と似ており、とても許せないものでした。

ペット葬儀社については、改正動物愛護管理法の対象業種として扱うかという議論がありました。諸外国では死んだ動物は物であり、動物福祉に当たらないという解釈ですが、日本では死んでいようとも、物とは解釈しないお国柄なのです。

心を通わせたのであれば、人も動物も懇ろにいたわって、今生きているものに、その心を伝えるという国民性なのです。

横浜では市が収集した犬猫の火葬した骨を業者に引き渡し、建材の原料にしたとして、議会で質問がありました。

北海道ではクマ牧場が経営難で立ち行かなくなったこともありました。秋田八幡平のクマ牧場ではヒグマが脱走し、飼育員2名が死亡する事件が発生しました。報道によると飼育環境は劣悪で、いつも犠牲になるのは動物たちです。動物園もどきの施設はこれから供託金を積み、残された動物がいた場合もこの供託金で解決する制度をつくってはどうかと、いつも解決策を考えています。

悲惨な状況をつくらせない社会のシステムを

最近問題になっているのが行き詰まったペットブリーダーのケースです。家畜の場合は廃業しようと思えば市場に出して売れますが、犬や猫の場合にはそれができません。今までは各自治体が引き取りましたが、最近はブリーダーからの引き取りは拒否しているため、遺棄せざるを得なくなるブリーダーも出てくるのです。

こうした事態を防ぐために、強力なトップダウンのシステムをつくってもいいのではないかと考えています。

例えばペットブリーダーはペット協会に所属しなければ、業界登録が得られないなどの規制を設け、ペット協会のリーダーシップを強化するのです。そしてペット協会による会員ブリーダーへの指導に正当性を与え、協会と会員が協力して問題に当たります。

　また、相談窓口を常設し、飼育・繁殖施設への監視や、必要ならば獣医師の派遣、動物福祉団体の協力要請も図るというのはいかがでしょうか？

　連日、犬や猫の悲惨な報道が新聞やテレビで取り上げられていますが、これはペットを取り巻く業界にとっても、決していい事ではありません。事態を正確に把握し、このような事を未然に防ぐことが求められているのです。

開業医求人難の時代

多頭飼育問題が浮上するなど、ペットを取り巻く環境も激変しましたが、ペット医療の分野でも変化が起きています。

最近は獣医師を採用したくても人が来ません。動物病院に獣医師がいなければ、寺にお坊さんがいないとか、女性のいないバー（そういう店ももちろんありますが）のようなものです。冗談を言っている場合でもなくて、獣医師の募集をしても町の動物病院には来てくれないのです。動物病院経営的にはお先真っ暗で、将来が描けません。不安ばかりで先に光が見い出せないのです。

私はこの世界でゼロから出発して60年、実にいい時代を過ごしたものだと実感しています。病院も自宅も建て、5人の子どもも成人させ、それなりに社会で活躍してくれています。

しかし、これからの動物病院の経営はどうなっていくのでしょうか。私たちが経験した高度成長期は何をやっても右肩上がりで社会中が弾んでいました。

動物病院を開業すれば獣医大学卒業生が将来の開業を目指して、黙っていても来てくれました。賄いの女性を雇い、いつも住み込みの獣医師4~5人を抱えた上で、近くに住んで通勤してくる獣医師や看護師もいて、いつも職場は人で賑わっていました。

病院は年中無休で24時間夜間診療も50数年続けていました。多くの方に利用していただき、分院も数多く出しましたが、数年かけて三つの分院を経営権を譲って分離・独立させています。

人手不足の時代に無理をしていてはいけないという配慮からです。50数年続けた夜間診療もやめました。これも時代です。特に女性の獣医師が増え、夜間診療は危険が伴い、実施が困難となりました。

動物の救急医療より、人間の待遇を優先しての対応です。無理を強いれば社会からブラック企業の烙印を押されてしまいます。ペットの飼い主さんはこうした風評に敏感なので、評判を落としてまで、続けることは無理でした。

一般企業では組合があり、労働環境の改善は組合や人事部へのホットラインで行われますが、動物病院のような小さな組織ではそうはいきません。私も弟子入りした時は理不尽な労働環境に憤りを覚えたものですが、将来の糧と思ってじっと我慢したものです。

必ず将来は良くなるという希望がありましたが、今はそんな気風はありません。

労働基準局へ駆け込まれるケースもあり、問題のある獣医師に退職してもらうことも難しくなったと、友人の獣医師が嘆いていました。

何より独立するより、勤務医の方が楽です。給料も良くなり、有給休暇があり、福利厚生は整っていますし、社会保障も充実していますから、独立志向は薄れます。

年収も上がり、結婚もできて、マンションに住み、子どもも産んで1年間の休暇を取り、保育園に預けて職場復帰。「臨床は好きだけど、独立はあまりにも危険でメリットもない。それよりも一度雇ってもらったところに勤めておこう」ということらしいのです。

最近は動物病院を個人で経営するメリットも次第に少なくなってきました。人は足りないし、給料は高騰し収入は減少、社会保障費の負担増などが経営を圧迫してきます。多くの病院では年2回のボーナスの月が赤字で、シーズンオフの月はプラマイゼロ。4～6月での利益が病院としての利益になる、という具合でしょうか。それでもこの利益の月の売り上げも、年々減ってきているというのが現状です。動物病院全体での収入は横ばいから微減という状態だと聞いています。

犬離れ、人離れ、お金離れ……こんな時代だからこそ、ペット飼育の実態を見詰め、将来を見越し、より良い発展に繋がる施策を、早急に考えなければならないでしょう。

特に獣医学生の半分は女性です。私の病院にも優秀な女性獣医師はたくさんいますが、大学を24歳で卒業して、30歳前で結婚そして出産し子育てするとなると、実際に病院でフルに働ける期間は短くなってしまいます。短い期間で医療者として身に着けるべきスキルを向上させるためには、個人の意思だけでは難しく、スタッフ全員の協力も必要となります。

働き方改革が叫ばれる中、獣医さんの働き方改革もまた、少しずつ進めていかなければならない課題のひとつとなりました。

儲からなくても一生懸命

地域密着型の獣医療を目指すためにも、私の病院のスタッフにはできるだけ長い期間、働いていただきたいと思っています。スタッフはみんな家族という意識も強くなりました。臨床で働く獣医さんが少なくなった今は、スタッフがフォローし合い、病院全体で助け合う時代に突入していると感じます。

これからも動物のため、飼い主のため、儲からなくても一生懸命に続けていくつもりです。変える事ができるのは自分と未来しかないのですから。

病院スタッフとともに

獣医人材の質的変化

厳しい経済環境の中でも、私ども兵藤動物病院は地域の皆さまに愛され、約60年間、郊外の町で病院を続けることができました。本当にありがたいことだといつも感じます。消費税増税後の反動か、消費全体が落ち込む中で、動物病院の廃業や経営難の噂も、あちこちでささやかれるようになりました。

売り上げを上げるために診療料金の値上げをしたという話も聞きますが、私自身は健全経営を維持できる間は安易に上げてはいけないと思います。「いつでも上げられると思っていて上げない」というのがカッコいいとなんとなく感じるからです。やせ我慢かもしれませんが。

兵藤動物病院のある横浜市旭区東希望が丘周辺にも動物病院は増えています。ペットの数自体が増えていないので、1病院当たりの患者の自然増は考えにくいのですが、なんとか診療収入も患者数も落とさずに維持できているのは、地域の皆さんのおかげです。

私は、ライバル病院が繁盛している要因を分析・精査して、相手より少し良いサービスの提供を心がけてきました。料金の面でも、接客態度、診療時間、医療器具の面でも、ほかの病院より少し良くするように努力してきました。

すべてを良くすることは不可能です。立派な建物を建て、最新のCT、MRIなどを備えるのは、私たちの病院に来てくれる飼い主さんのニーズに合わないような気がします。もちろん、そうした高度医療が必要な飼い主さんには、大学病院や専門病院への紹介状を書きますが、私たちはあくまでも地域の皆さんとともに、これからも歩みたいと考えています。

今よりも少しだけ、飼い主さんにとって良いサービスをすれば、1年や2年ではわからないが、10年経てばかなり差をつけることができると思っています。そのためには時代を見て勉強をし、進歩する最新の技術を身に着け、ほかに負けないように努力し続けることが大切でしょう。

今は診察の一線からは離れていますが、身体の続く限り働きたいと思っています。よく「先生はいつ休むんですか」と聞かれますが、開業してから1度も病院を休んだことがないのです。高校の生物部以来、連綿と続いている動物に対する思い入れと、世話することの習性のなせる業だと思っています。

獣医師気質

昔の獣医さんは、田舎育ちで、粗野な時代に育ったこともあって、言葉も行動も粗野で、気持ちは良いが、風采は〝この人、獰猛（どうもう）につき〟といった印象の人がほとんどでした。

今の若い世代の獣医さんは、初めから敬語が使えて、優良サラリーマン風の人が多くて、洗練された印象です。

この頃は子どもでも、「ありがとうございました」「すみません」「伝えておきます」など、お店の店長のような言葉使いが増えていますね。特に都会の子どもに多いが、よくできた子どもだと思う反面、私の少年時代の〝やんちゃな子どもらしさ〟が感じられなく、ちょっと覇気がない気もします。育った時代も環境も違うのだから、ジェネレーションギャップといわれるとそれまでなのですが。

今の若者たちは平穏な社会ですくすくと成長しているので、素直で、知識も豊かな人が多い反面、バイタリティーやチャレンジ精神などが希薄で、新しいことに挑戦しようとする気力に欠けているような気がするのは残念です。新しい提案をして、実行してみなさい、といってもなかなか踏み切る勇気がない。その点がちょっと物足りない気がします。

病院でも指示すると、慣れた仕事はそつなくこなすが、自ら仕事をつくって、それを進んでやることはあまりないように見えます。

私は毎朝ゴミ出しをするのが習慣で、その後は掃除をしますが、その前を素通りしてしまうのです。「私もやります」と言ってくれるスタッフが少ないのは残念です。

また、私が脚立に上がって仕事していても「ひっくり返ったら大変だから、脚立を持ちましょうか」という人もいません。気が付かないのか、気が付かない振りをしているのか、それが普通だと思っているのか、私のような古い人間には若い人たちの思考や感覚がよくわかりません。経営者の立場からすると、素直な人間は使いやすいので、いいのですが、物足りなさも感じます。

今は獣医大学の競争率も高く、学習塾や家庭教師を利用しなければ入試を突破できない学力を要求されます。昔は、旧制中学を卒業し、田舎から出てきて、独学と執念で、大学の入試を突破する人が多かった。その辺の違いが、今と昔の獣医師の個性形成にも影響しているようです。私としては、獣医は適度な土臭さと野性味があった方がいいと思うのですが、そういう野性的な獣医さんは、現代の若い女性の飼い主さんとは合わないのかもしれません。

何事でも一生懸命やって、真面目な姿を見せれば、必ず誰かが見ており、必ずチャンスは訪れる……そんな言葉を信じて、夢の実現に向けてひたすら頑張る人が昔は多かったのです。努力は報われると信じていたのでしょう。手抜きをしない仕事をしている人は、どこへ行っても必ず伸びる、とはよくいわれますが、まったく同感です。私はこれからも、泥臭く地道に努力する人を応援しています。

これからの獣医さん

やや旧聞に属する話ですが、加計学園問題が社会問題として広がり始めた頃、テレビ朝日とテレビ東京から取材の申し込みがありました、迷った末に、2社の取材に応じました。取材は町の獣医師として、この加計問題をどう考えるかという内容でした。カメラ・照明・音声などテレビ取材クルーが病院にやって来ました、動物病院の中や待合室でのクライアントの様子、入院中のペットの様子などを撮影した後、主題の加計問題についてコメントを求められました。

まず、獣医師の数は足りているのか、いないのかという質問を受けました。私は「全体としては足りていると思います。ただ地域、職域の偏在が見られます。そして、問題の本質は獣医師の数ではなく、職場環境整備の問題にあります。これは医師や歯科医師、弁護士の数などと同じで、単に数を増やせば良くなる問題ではありません」と答えました。

さらに、「過当な競走をさせれば、質の低下を来し、その結果、ごまかし、不正、悪徳がはびこり、動物にとっても飼い主にとっても、また、診療する医者にとっても不幸なことになりかねません。現実、弁護士の数が増え過ぎているという話も聞いていますし、歯科診療施設は今やコンビニ店より多いと聞いています。だから毎年の国家試験の合格者をコントロールして、これ以上増やさないようにしているとも聞いています。

こうした前例があるのに、きちんとした論議をしないまま、ただただ国家戦略特区というだけで学部を増やすのは問題だと思います。

もちろん、私は特区自体に反対しているのではなく、拙速に事を運び、国民の疑念を残したまま、進捗させるのは不自然だと思うのです。

獣医師会は善良で小さな団体です。さらに、ペットの病院は自由競争で、もとより利権などまったくありませんし、公的な保険などもありません。そんな中で利権など生じるわけがありません」と述べました。

求められる畜産動物の獣医

現在、ペット病院は都市部ではもはや飽和状態で、右肩上がりの時代はとうに終わり、下降の一途をたどっています。将来に不安を感じる獣医学部卒業者が増えて、一般診療を行う動物病院への就職にブレーキがかかってきています。

とはいえ、一般診療から畜産動物へとシフトしているのでもありません。なぜかというと新卒の若者は畜産動物への関心が低いからです。畜産動物の獣医師は今後も重要な役割を果たすと私は考えています。優秀な獣医療の人材が畜産動物に関わることが、日本の社会にとって重要だと思うからです。

偏差値が高くなり、獣医大学に入るのには困難な時代です。ペットを飼育した経験のある子どもにとっては、動物病院には接していても、牛や豚、鶏などの畜産動物は遠い存在です。

牛、豚、鶏に触れ合える場所は都心部から離れた場所にあり、こうした動物を見たり、触ったり、彼らの臭いすら嗅いだことがありません。

その反面、こうした動物を身近に体験してきた農業高校からの出身者は、大学入試のための教育を受けていないため、獣医科の入学試験を突破できません。都市部で、小学校の時から家庭教師を付けたり、塾通いする子どもでなければ、獣医科に合格することは難しいのです。

さらに畜産動物に関する仕事は、どうしても職場自体が地方に限定されます。都心部から離れた広い土地でなければ、動物の鳴き声などの騒音や消臭対策が難しいからです。労働環境も過酷で、汚い、臭い、咬まれる、蹴られるのは日常茶飯事な上、労働時間の拘束も長く、9時5時の生活ではおさまりません。3K仕事でもあります。偏差値の高い都会っ子にはなじめない職業なのです。

私は、あの独特の家畜の臭いが嫌いではありません。それは、動物の習性を知り、家畜を理解しているからだと思います。牛、豚、鶏といった動物たちは人間のために命を差し出してくれています。食糧として、人間のために命を犠牲にしてくれているのです。とても臭いと遠ざけるような真似はできません。

質の高い獣医療に欠かせない動物看護師

今や獣医学生の半分は女性です。女性獣医師が畜産動物分野に進出するには、家畜看護師の要請も急務です。人間の医者には、看護師、レントゲン技師、理化学療法士、その他多くの助手が周りにいます。いずれも制度化しています。歯科も歯科衛生師がサポートして歯科医師の手助けをしています。

一方、獣医師にはライセンスを持った看護師はいません。畜産動物の職場で獣医師が活躍するためには、職場の改善とともに、獣医師の手となり、足となって一緒に働いてくれる有能な看護師が必要なのです。看護師制度が確立すれば、獣医療もより質の高い仕事が可能になるでしょう。

昔、軍馬がいた時代、獣医助手という資格がありました。地域偏在を直す意味でも、この家畜看護師の創設を強く希望するところです。

２０１９年6月19日に「動物の愛護及び管理に関する法律等の一部を改正する法律」が公布されました。「動物取扱責任者」の要件として十分な技術的能力と専門的な知識経験を有することが加わり、動物の看護師が国家資格となりました。大変喜ばしいことですが、その名称が「愛玩動物看護師」なのです。なぜ「動物看護師」としなかったのでしょう。命ある動物に「愛玩」という言葉はそぐわない気がするのですが……。

畜産動物の看護師資格制度はありませんが、犬や猫のペットの動物看護師に関しては２０１９年の改定で一歩前進しています。国家資格が導入される方針が固まったのです。

今、全国で働いている動物看護師さんが、やっと社会的に認められたという感じです。現在は看護という命の最前線で働いていても、社会的には何の資格もない、ただの一般人という位置付けだったのです。

従って、いくら実績を積んでも、採血や注射、投薬などの医療行為は人間の看護師と違って、それを行うことは違法でした。それが正式にできるようになるという点が、今回の資格制度において、大きな意義になるのではないかと、私は考えています。

海外、特に米国では獣医療における動物看護師の役割はとても大きいものがあります。病院によっては獣医師が診断を下した後は、看護師がほとんどすべての処置や治療を行うような病院がほとんどです。

従って、ベテランの動物看護師と若手獣医師だったら、動物看護師の方がスキルが高く、治療に対する判断も適切に行えます。私が米国に視察に行った時は、新人獣医師がベテラン看護師に意見を聞いて、診断を下すこともあるといっていました。資格を持った動物看護師は獣医療における重要なパートナー的な存在として、今後は大いに期待できるところです。

愛護法改定の未来

２０１９年、改正動物愛護管理法が参院本会議で可決し、成立しました。今後は来年の施行へ向けた、政省令の整備が行われていく予定になっています。改正の内容については、まあまあと思った人、残念でしかない人、満足だった人と、それぞれの立場や思いがあるでしょうが、私としては「やっと決着した」というのが偽らざる心境です。

愛護法案改定の舞台裏

２０１９年の法律改定の主なポイントはいくつかありますが、まずは生まれた子犬・子猫の８週齢問題です。現在は７週齢という規制を１週間延ばして、８週齢までは親から離してはならないようになります。

繁殖回数問題や、厳罰の強化も時流に合った改定ポイントだと思います。マイクロチップの導入も新たな改定ポイントとして、見逃せません。

この改正動物愛護管理法については、前回の改正時に審議委員を務めさせていただいた関係上、成立までの過程を第三者的な立場で、高い関心を持って見ていました。まず、第一に感じたことは、「良きにつけ悪しきにつけ、動物に寄せる国民的関心は確実に高まっている」という点です。

前回の改定では特に幼齢動物の販売禁止、いわゆる〝8週齢問題〟については、環境省へたくさんの意見が寄せられたそうです。また、インターネットなどの普及が進んだという側面もあるのでしょう。環境省が行ったパブリックコメントには、約5万件の意見が寄せられました。これは今までにない反響ということです。より規制強化、罰則強化を望む意見が多く寄せられたことにも驚きました。私もこの問題については、開業以来ずっと関心を寄せていましたが、隔世の感があります。

幼齢動物の販売禁止と災害時の対応

幼齢動物の販売禁止については、特に感慨深いものがあります。私が環境省の審議会に参加していた時は、会議の冒頭で「幼齢動物の販売日齢については、早く専門委員会をつくって議論を始めてください」といい、当時の委員長に専門委員会をつくることを約束してもらいました。しかし、その後議題に上がる事もなく、ずるずると時が過ぎていきました。

盛りだくさんの議題の中で、この問題にかける時間がなくなってきてから、にわかに〝8週齢問題〟について熱心な方々が活発に動き出し、審議は理性を欠いたものになりました。建設的な意見交換が行われず、あからさまな意見の対立が目立ち、冷静な審議の進行ができず、ついには〝両論併記〟どころか〝三者択一〟という審議結果を出さざるを得なくなりました。審議委員会で決め切れず、結論を議員に投げる格好になったといってもいいでしょう。

ご存じのように、生後45日での販売を3年間続け、49日を1年間経た後に、この間に集めた科学的データを基に議論して〝8週齢〟つまり56日にするかを決めるということになりました。私はこの改正で販売日齢についての具体的な数字を入れることを強く望んでいましたから、それが幾日かはともかく、やれやれという気持ちでした。

2019年6月に改定された動愛法では、生後56日以内の犬や猫の販売禁止や動物虐待への罰則強化も盛り込まれました。出生後56日（8週）以前の犬や猫の販売は原則禁止です。現行法にも同じ規定はありますが、経過措置として「49日（7週）」とされていたのが改定されたのです。

私自身、今回も審議委員として意気込んで務めるつもりでしたが、一番大事な時に、突然勇退の勧告に合い歯痒い思いをしたものです。最後まで傍聴席で見守らせていただきましたが、難しい問題に真剣に取り組んで結論を出していただいた委員の方々、行政の皆さま、そして議員の方々、すべての熱心に活動された皆さま方に感謝の気持ちでいっぱいです。

前回の改定から、都道府県がまとめる動物愛護管理推進計画に、災害時の動物の適正飼育や保管のための施策を盛り込むよう定められました。これは、阪神・淡路大震災の時に被災動物の救護活動をしてきた私としても、意義深いものとなりました。

しかし、阪神・淡路大震災の時の教訓が生かされないまま、東日本大震災が起こり、被災したペットの飼い主を特定することが非常に難航したことは記憶に新しいでしょう。2019年の台風19号による浸水被害でも、各地で被災したペットに関する問題が発生しました。特に災害時の最大の問題は、保護したペットの所有者の表示がなされていないことです。

この問題を解消するのがマイクロチップですが、2019年の改定で、マイクロチップの装着と所有者情報の環境相への登録を義務付けることが決まりました。登録された犬猫を購入した飼い主には、情報変更の届け出が義務付けられます。すでに飼っている人には、装着の努力義務が発生します。

　大規模地震の発生について、政府の地震調査委員会では今後30年以内に70〜80％の確率で発生し、最悪の場合、死者が32万人以上に達するとされています。天気予報でも、雨の確率が7割を超えたら傘を持って出かけるでしょう。南海トラフ巨大地震の発生に備えた対策を、私たちも日々の生活の中で準備しておく必要があります。ペットにはぜひマイクロチップの装着をお願いしたいのです。

1995年1月17日に発生した阪神・淡路大震災で設置された動物救護センター

2011年3月11日の東日本大震災では放射線が救助活動を妨げた

日本だけが規制されていない実験動物

毎年、10月上旬になるとノーベル賞に関するニュースが話題になります。２０１９年は旭化成名誉フェローの吉野彰氏がノーベル化学賞を受賞しました。リチウムイオン電池の開発により、携帯電話やノートパソコンなどの電子機器が進化したそうです。

２０１５年ノーベル生理学・医学賞受賞を受賞した北里大学特別栄誉教授の大村智氏の受賞は、イベルメクチンで多くのペットの命が救われた私たちにとっては、大変嬉しいニュースでした。また、２０１２年にノーベル賞を受賞したｉＰＳ細胞（人工多能性幹細胞）を発見した京都大教授の山中伸弥氏の研究内容も、これからの再生医療についての夢を与えてくれました。

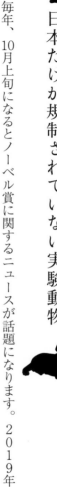

新聞によるとｉＰＳ細胞の山中教授の授賞理由は「成熟した細胞を初期化して万能な状態に戻せることの発見」、つまり、万能性を身に付けた研究成果によるものだそうです。

受賞が発表された当時はまだ民主党政権で、財政の健全化を目的とした、いわゆる事業仕分けと呼ばれる議論の中、研究開発費を削減するという話も出ていました。そこにノーベル賞の話題が飛び込み、日本中の研究者や技術者にとって大きな励みになりました。内閣は手の平を返して、山中教授への支援を約束して支持率の上昇に繋げようとしましたが、ご存じの通りあえなく選挙で敗れ、政権交代と相成ったわけです。

政権は変わっても山中教授への支援は変わらず、文部科学省は2013年度概算要求のうち、iPS細胞などを活用する「再生医療実現拠点ネットワーク」計画の予算を3億円増やし、90億円にするなど、半ば〝国策〟としてiPS細胞を応用したさまざまな研究が進められています。

動物実験への懸念

そんな中、2012年の報道で「政府の総合科学技術会議は、動物の受精卵を操作して動物の体内で人間の臓器を作製する研究を認める方針を固めた」というニュースが発表されました。豚の体内でさまざまな臓器を作って人間へ移植するという、SFのような話です。実用化されれば病気に苦しむ人たちへの、大きな希望になることでしょう。

私は獣医として病に苦しむ人の気持ちも、回復させたいと願う医師の気持ちもよく理解できます。加えて、日本発の研究成果が多くの人を救うことに誇りを感じます。しかし、一方で研究開発のために犠牲になるであろうおびただしい数の実験動物から、どうしても目を逸らすことができないのです。

動物愛護法には以下のことが記載されています。「動物を科学的利用に供する場合は、いわゆる『3Rの原則』などに配慮するように努めなければならない」、「環境大臣は、実験動物を利用する際の苦痛軽減の方法などに関する基準を定める」ということです。ここでいう「3Rの原則」とは国際的に普及・定着している実験動物及び実験動物の福祉の基本理念で、以下の三つのRです。苦痛の軽減（Refinement）、使用数の削減（Reduction）、代替法の活用（Replacement）です。しかし、これは努力目標のようなもので、強制力はありません。

安易に海外の事例を持ち出すべきではありませんが、実験動物についての規制を設けていないのは、先進国では日本だけだそうです。iPS細胞など世界が注目する研究実験が非人道的環境で行われているとしたら、その成果は決して手放しで褒められたものにはならないでしょう。私は国から規制を押し付けられる前に、医師が率先して行動するべきだと考えています。

エボラより多い狂犬病の予防について

２０１５年10月の朝、毎日の習慣で朝刊を読んでいた私は「いよいよ、来たか」と思わずつぶやきました。「総務省　規制見直し勧告」の記事に、狂犬病予防注射の内容が含まれていました。生後91日以上の犬は毎年1回、4~6月の間に予防注射を受ける必要があり、この制度は１９８５年から変わっていません。

しかし、犬が体調を崩して期間内に注射ができないケースもありますし、効果が1年以上続くワクチンが存在しているなど、現状との矛盾を指摘する声も上がっていました。当時の高市早苗議員らが厚生省（当時）に対し、注射の時期や頻度の見直しを求めました。国民や事業者の負担を軽減し、より一層の規制簡素化を図るためです。

「犬の狂犬病予防注射は毎年4~6月まで」と決まっているのは、行政とともに行う集合注射会場でのことであり、注射自体は一年中動物病院で行っています。以前は動物病院も少なく、役所の仕事効率の面からもそんな期限を設けて接種率を上げる工夫をしたのでしょうが、現在では体調を崩している犬は回復を待って体力を付けてから動物病院で打ってもらえばいいのです。集合注射に行けない人も同様です。期限を過ぎてもまったく心配は無用です。

接種効果が1年以上続くワクチンもあると聞いてはいますが、日本では流通していませんので、当分は1年1回の接種です。将来1年以上持続するワクチンを使用するのであれば、ワクチンメーカーの対応など、それなりの準備期間や、適正な価格の確保も必要になるでしょう。

仮に1回の接種で3年間、効果のあるワクチンにした場合、心配なのは接種率が下がる点でしょう。現在、狂犬病ワクチンの接種率は4割を割っていると聞いています。集合注射の場所を設け、動物病院で一年中対応していてもこの結果なのです。

狂犬病対策は飼い主の意識改革も

制度の見直しを行う前に現在の接種率の向上に務めるべきでしょう。まず、するべきことは飼い主責任を明確にするために、すべての犬にマイクロチップの装着を義務化し、人間と犬の真の共生ができるように飼い主に自覚を持たせないといけません。これを行わなければ、いくら制度を見直しても状況は変わらないでしょう。

犬の登録や、注射の行政台帳を見ても、死んでいるのかいないのか、逃亡しても台帳はそのままです。その辺りの整理ができていません。まず飼い主責任を問い、怖い狂犬病をわが国から発生させないことです。それにはマイクロチップが必要不可欠なのです。わが国は60年近く狂犬病の発生がない世界に誇る国のひとつです。これも国、自治体、獣医師、そして国民の協力があって成し得たことです。

発症したら治療方法がない狂犬病

最近の地球温暖化などで、自然環境が変化し、日本でも平均気温が上昇しています。それにより、今まであまりなかった感染症が広がっています。最近話題になっているのがデング熱で、蚊が媒介する病気です。エボラ出血熱はサルやコウモリが媒介するといわれており、西アフリカで発生し、スペインやアメリカで2次感染が確認されて世界を不安に陥れています。

世界保健機関（WHO）によると、エボラ出血熱の感染者が10月19日時点で9，936人以上となり、うち4，877人以上が死亡したと発表しました。しかし、実際の数字は発表をかなり上回ると見られ、エボラ熱による死者は3倍の1万5，000人程度に達している可能性もあるといわれています。国別では、リベリアで感染者４，６６５人、死者２，７０５人、シエラレオネで感染者３，７０６人、死者１，２５９人、ギニアで感染者１，５４０人、死者９０４人になります。

このエボラ出血熱より、はるかに多くの犠牲者を毎年出しているのが、狂犬病なのです。世界では年間の死亡者は5万5千人にのぼり、昨年日本の周辺国でもある台湾で52年ぶりに発生が確認されました。

今、アジアで発生していないのはシンガポールと日本だけになってしまいました。わが国でも60年ほど発生がないので安心ボケしているのではないでしょうか。現在の接種率を見ると、そんなことを考えてしまいます。規制見直しはくれぐれも慎重に。人の命、動物の命どちらも大変大事なものなのです。

重要な課題である飼育頭数対策

これからのペットと人との共生社会を考える時、飼育頭数の減少について考えないわけにはいきません。

犬の飼育頭数が減っているという話は聞いていましたが、２００８年をピークに以降年間50万頭ずつ減っているという調査結果が出ています。このままこの状況が続くと10年後には現在の半分、５００万頭になる計算です。麻布大学の介在動物研究室の先生から、改めて実数を伴った話を聞いてショックを受けました。

飼育頭数の減少を実感

市場が半分になってしまう……嘘や噂ではなく調査に基づいた話を聞いた途端、私は言いようのない脱力感に見舞われました。

にわかには信じたくない話ですが、振り返ってみれば思い当たることもあります。私は今から60年前、当時でいえば犬猫病院、ペットを対象にした動物病院を開院しました。

開業して数年は苦しかったものの、右肩上がりの成長が続いた60年間でした。バブル崩壊やリーマンショックにもなんとか持ちこたえてきましたが、ここ数年、前年同期の収益を徐々に落としています。そんな実感がある中で、〝年間50万頭ずつ減っている〟という話は受け入れざるを得ない現実であると思いました。

では、どうすればこの数を減らさないようにできるのでしょう。一般社団法人ペットフード協会前会長の越村義雄さんなどは、早くからこの問題を認識し、解決に向け努力をされています。ペットフード協会ではペット飼育を健康産業のひとつと捉え、ペットを飼っている人のメリットを各方面に訴えています。

ペットを飼う事は単純な趣味ではなく、健康志向の強い現代人にとって必須なことであり、それが国民の健康に寄与すると主張しています。共通の問題意識を持つ者として、ありがたいことです。問題について角度を変えた訴えは、人を納得させることに繋がります。

しかし、この減り方には激しいものがあります。なぜ飼育頭数が減り続けているのでしょうか、それは新しく飼う人が少なくなったということにほかならないでしょう。原因のひとつに日本人の少子化があることに疑いの余地はありません。

ペット業界は15歳の子どもの数より犬猫の数が多いと喜んでいましたが、犬や猫の寿命は人の5分の1から6分の1しかありませんし、何よりペットを欲しがるのは子どもではありませんか。子どもの数が減り続けているのですから、当然ペットを欲しがる人もいなくなってペットの数も減ってしまいます。

動物福祉の充実があってこその飼育増加へ

そうすると、人の少子化をいかに食い止めるかを考えるべきなのですが、そう簡単にいかないでしょう。業界としては今、ペット飼育に障壁を感じている人たちにこそ、訴えるべきなのです。

人口の相当数を占めるお年寄りには「健康で心豊かに楽しく暮らすにはペットが寄与します」というキャンペーン。子どもには親に向けて「健やかな成長にはペットが必要です」というキャンペーンを張らなくてはなりません。

もちろん、むやみに飼育頭数を増やせばいいというわけではありません。飼育機会が増えれば、さまざまな事情で飼育が困難になり、残された動物たちも増えます。そのような動物への保証を含む、動物福祉を向上させなければ意味がないのです。

昨年来、飼育を放棄する業者が社会問題化するなど、ペット業界への視線は厳しさを増しています。このような問題に対し、業界として真剣に取り組む姿勢を見せないと、ペット飼育についてネガティブなイメージが付いたままになり、飼育頭数の回復は望めないでしょう。

残された犬猫の飼育を引き継ぐ世代や、老犬、老猫ホームの充実など、継続飼育できなくなったときの引き取り先などの課題を業界全体で取り組まなくてはなりません。

飼育頭数の減少には業界全体で取り組むべき

また、さまざまな事情で飼育を断念している状況にあるのならば、試みとして小学生以下のひとりっ子や子どものいない家庭に、ペットを兄弟として、また子どもとして育ててもらうなどの思い切った施策はできないものかと考えています。フードメーカーであれば新規飼育者にフードを1年間無料進呈、もちろん獣医師も1年間無料相談を受け付けるなど、業界横断的に飼育頭数・飼育世帯の増加に取り組むべき時が来ていると思います。

いつも笑顔の絶えない幸せそうな家庭には必ずペットがいる。こんな情景を思い浮かべると私も幸せな気持になります。

業界全体がひとつになって、ペットも人も幸せになるキャンペーンを、今から将来のために仕かけないととんでもないことになりそうです。業界全体で問題を共有し、ペットショップには、ブリーダーには、メーカーには、獣医師には何ができるのか。どうすればペットの少子化に歯止めがかけられるのか、自分には何ができるのかを皆さんと一緒に考えましょう。

ただただ毎日忙しいことを言い訳に、将来を考える事もなく、問題を他人事や先送りにしていると、取り返しのつかない事態を招くのではないでしょうか。

飼育頭数減少対策としてブリーダーやショップ対策を

飼育頭数減少対策として、ブリーダーやペットショップの改革も必須の課題であると考えています。業界健全化のためにもなります。

いろいろな改革ポイントはありますが、私自身はペット業界の繁栄はブリーダー対策が鍵になるという考えに至りました。ブリーダーが安心して健康な犬猫を市場に供給できる態勢こそが、ペット業界の縮小を防ぐことになると思います。

売れないから産ませない、産ませないから犬の値が高くなる。高くなれば買い辛くなる、そうした負のスパイラルに陥って、衰退に至ってしまうことを防ぐためにも、どこかで手を打たねばなりません。

あくまで私個人としての考えですが、ペットショップおよびブリーダーが管理している犬猫はペットではなく〝ペット予備軍〟なのです。購入されて家庭に入って始めて、ペットとして家族の一員となるのです。

ペットショップやブリーダーの所にいる動物たちは経済動物であり、畜産動物と似たところがあります。いわゆる商品なのだと思います。この商品を健康な状態で出荷するためには、当然管理費がかかります。施設の維持費、人件費、餌代そして医療費です。管理費を抑えようとするか否かは、経営者の判断に委ねられますが、仮に医療費を抑えようとすれば感染症が増え、著しく損失を被るだけでなく動物にも苦痛を与えてしまいます。

また、治療行為や医薬品の購入にコストをかけたくないという安易な発想から、ペットショップ、ブリーダー、そして獣医師が絡む「無資格者がワクチンを打った」、「ワクチンを不正な流通先から購入した」といった事件が後を絶ちません。

薬の購入法や使用法が正しくなければ薬事法違反、獣医法違反が待ち構えています。もちろん全体的な管理が悪ければ動物愛護法違反です。こうしたさまざまなペットに関する法律への無理解が原因となって、事件が起きていると考えられます。

獣医師が現場で安心して医療行為を行える環境を

動物病院でペットに「薬を処方する」、あるいは「ワクチンを接種する」というレベルでは法順守の認識はあるのですが、私の知る範囲ではペットショップのバックヤードや、ブリーディングファームでは法順守や管理に関する認識が薄いように感じます。要指示薬の渡し方など、現場の実情に合った具体的なガイドラインをつくり、双方が安心できる環境を整備するべきです。適法／違法があいまいなために、摘発が繰り返されるのです。

たとえば「横流ししたワクチンや抗生物質を自分のファームで使用した」場合ですが、これは違法です。診察して要指示薬が出されていないからです。では、診察の方法は個体でなければならないのでしょうか？　群れではダメなのでしょうか？　難しい問題です。

では、獣医師が診察して置いていったワクチンが50本余った。これを別の業者に譲る、というのは診察していないので違法です。症状を獣医師に電話やファクスで伝えることも診察の代わりにはなりません。

では、余った50本のうちの1本を半年後に、診察してもらった同じ個体に打ったら、それは適法／違法か、微妙なところになります。また、年に1〜2回、現場に来て個体を確認できていれば、電話やファクスなどによる依頼で、医師から薬を送ってもらうことは可能でしょうか？　さまざまなケースがあり、どの事例もはっきり「違法だ」と言い切れないグレーゾーンの扱いです。

獣医師は病気の動物を無視することはできません。依頼主からの要望がグレーであると思っても、診察をしなければならないのです。そんな時、獣医師はいつも法律とにらめっこです。「君子、危うきに近寄らず」、そんな目でペットショップやブリーダーを見ている獣医師も多いのではないでしょうか。

新しいガイドラインの必要性

企業体として経営し、各種サービスを行うペットショップは獣医師を抱えていますし、傘下にあるブリーダーも恩恵を受けているでしょう。でも、そこに属さない多くのブリーダーに対しても、医療サービスを提供する仕組みをつくっていかなければなりません。

健全な経営を行うブリーダーが、ペット業界の基本に存在しなければいけないのです。ブリーダーが健全に経営をできなくなり、廃業に追い込まれることは避けなければなりません。社会性に富んだ健康な犬猫を育てるために、獣医師会やペット業界全体で支援体制を整え、ブリーダーの元にいる動物たちに医療サービスを提供できる環境にするべきです。それには誰が見てもわかりやすいガイドラインづくりが急務になります。スピード感を持って立ち上げましょう。

ペットショップの倉庫で見つかった劣悪な環境。
こうした動物たちを救う活動を続けています

ペットが明るく照らすこれからの日本の社会

業界健全化とともに、これからの日本の将来のために、ペットが人々にとっていかに大切で価値がある存在となり得るか。また、ペットの役割についても少し触れていきたいと思います。

２０１６年7月26日午前2時。神奈川県相模原市緑区の障害者施設「津久井やまゆり園」で19人刺殺、26人が重軽傷を負う事件が起きてしまいました。逮捕されたのは同施設の元職員です。身体に重度のハンディのある無抵抗な障害者を容赦なく殺害したことに、私は心が震え、深い悲しみと強い憤りを感じました。障害のあるなしにかかわらず生きようとする気持ち、彼らも一生懸命生きていることは、家族や周囲の方は感じています。

何もわからないことはない、障害者だって目的を持って生きているのです。親にはそのメッセージが痛いほどわかるそうです。障害者にも個性があり、豊かな心を持っています。それに言葉が出なくても意思の疎通は充分できるのです。

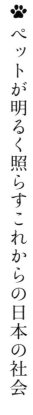

犠牲者やご両親のことを思うと無念でしかありません。犯人は事件前まで、いろいろ問題を起こし、措置入院が取られていたのに事件を防げなかったことは、関係者にとっても忸怩たる思いが残るでしょう。しかし、措置入院をどこまでさせるのかという点に議論があり難しい問題を抱えています。

要らない命などこの世にはない。胸を張って生きようというかけ声はありますが、一方では優生学的な思想も世界には存在します。ヒトラーは障害者やユダヤ人を葬りました。貨物列車に押し込み、ガス室まで送ってボタンひとつで殺したのです。

人間の凄まじい「業」とでもいうべき思想は、過去の遺物ではありません。今日もどこかで、殺し合いの戦争が繰り広げられています。空爆で罪のない幼な子が全身負傷した写真が報道され大きな反響を呼びました。知恵ある人間がやることでしょうか。動物たちの方がよほどましかもしれません。人間の業の強さ、人を貶めるいやらしさは、日常生活でも感じることがあります。

この事件で懸念されるのは障害者の隔離政策の強化でしょう。事件後、多くの施設ではセキュリティーを完璧にしようとするでしょう。しかし、社会に出さずに閉じ込めることに繋がらないでしょうか。障害のある人が社会に出て、その姿や存在をもっともっと知ってもらい、不自由な体を見ることで、初めて私たちが何をできるのか、何をしてあげるべきなのかを考えることにも繋がります。

私たち健常者は五体満足であることに感謝して、障害者を理解し、いたわり、その家族やお世話してくださるすべての家族に感謝を捧げることが、人としての務めではないでしょうか。

強いものが残り、弱いものが消えていく

現代社会は日常的に弱いものいじめ、児童虐待、差別がいたるところに存在しています。あのヘイトスピーチの言動を聞いただけで悲しくなってしまいます。

死ねと言われた者は、いたく傷つくものであり、自分に置き換えれば言わずと知れたこと。特にネットでの匿名の書き込みなどは恥ずべき行為です。意見があるなら正々堂々真正面からやるべきでしょう。

日本の自殺者は世界との比較でも、いつも上位にあります。3万人を切ったといっても遺書のない自殺は変死とされていますから、これを入れると1年間に10万人を超えるといわれています。

自殺に追い込まれる人の心を察すると、やるせない気持ちにさせられます。追い詰められて自殺を選択するとは、どれほど辛く、苦しいことか。相談相手はいなかったのか、もう少しお金があればなんとかなったのか、などと考えると心が痛むばかりです。もしそこに、死のうとするあなたを全力で愛するペットがいてくれたら、もしかすると犬や猫のために自殺をとどまってくれないものかと考えてしまいます。

矛盾に満ち、理不尽すぎる世の中で毎日生きている。これが現実とはいえ、悲しいものです。強いものが生き残り、弱いものが消えていく。これが現実なのでしょうか。

必要以上に食べることは、命を粗末にすること

私は動物を通じて、命の大切さを訴えてきました。捨てられるペットだけではありません、この飽食の時代、バイキングと称しての食べ放題、無駄に捨てる命に溢れています。動物愛護法では「みだりに動物を殺傷した者は500万円以下の罰金。5年以下の懲役」と書いてあります。

むやみに家畜を育て、むやみに殺し、そして捨てる。これも自然の摂理だと人はいいます。

「人間も動物だ。生きるためにほかの命をもらうことは当然だ」というのです。「違うだろう」と、私は思っています。生きるためではなく、あなたが食欲をコントロールできないだけだと。「必要以上に食べ過ぎることだって、動物愛護法違反ですよ。500万円以下の過料と5年以下の懲役が待っていますよ」といいたい気持ちを抑えています。

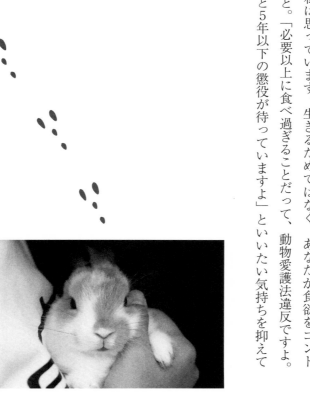

ペットを飼うメリットとは

厳しい現代社会だからこそ、ペットを飼ってほしいと、機会あるごとに言い続けていますが、振り返って、人はなんのために犬を飼うのでしょうか?

かつては番犬、猟犬として人間の安全や生産の役に立つという理由で飼っていたものですが、現在では使役することなく家族の一員として部屋の中で暮らしています。犬はご飯も食べるし、糞もする。所構わず走り回り、大声で吠えることもありますし、暑くても寒くても散歩に連れ出さなければなりません。もちろん飼えば一生面倒を見なければなりません。「嫌だ」とはいえないのです。ご存じでしょうが、これは終生飼養として法律で定められているのです。

ペットフード、用品、おやつ、シャンプーも必要ですし、ワクチン代、治療費、保険料、加えてペットシッターやホテルを利用することもあるでしょう。年間20~30万円はかかるという保険会社の試算もあります。場合によってはカレ・カノの方が安くつくかも……しかも、ペットは何年飼ってもプレゼントもくれないし、褒め言葉をかけてくれることなど一切期待できません。

ペットから自然の心地良さを

どう考えてもマイナスイメージばかりです。では、どうしてこんなやっかいな金食い虫、いや金食いペットを大勢の人が飼うのでしょうか？

それは、お金には変えられない、素晴らしい物を得る事ができるからです。

〝犬のいない天国は天国ではない〟という、ことわざがありますが、一度でも犬を飼えば、なるほど実感が湧きます。

ペットを飼うと、どうして楽しいのでしょうか。私はこう考えます。「山でキャンプをしたり、海辺で遊んだり、自然の中で遊ぶ時に感じる喜びをペットから感じることができるから」だと。

森林浴の清々しさ、さらさらと海岸に寄せる波に足を浸した時の気持ち良さ。これはすなわち自然を肌で味わえる快感です。ペットはただそばにいるだけで、私たちにそうした自然の快感を味わわせてくれるのです。

ペットと接する時、人はあるがままに

自然と接する時、人は身構えたり格好をつけたりしません。あるがままの本来の姿に帰って自然と戯れるでしょう。ある人は子どものように無邪気になったり、また、ある人は寡黙になったりして自然を享受するのです。人間はあるがままの姿で自然に接するのです。肩書や人間社会で被っていたものはすべて捨て去り、自然を堪能するはずです。

動物と接する時も同じなのです。ペットはあなたが社長さんだから媚びるわけではないですし、格別イケメンだから寄ってくるものでもありません。あなたが好きだから、あなたと遊びたいから、あなたがくれるご飯が美味しいから寄ってくるのです。私は超能力者ではありませんが、ペットに二心はないと断言できます。もちろん、あなたの恋人の心は読めませんが。

ペットからの純粋な気持ちに応えてやろうとしない人や、それを嬉しいと感じない人はいないでしょう。人間だって動物です。本来はペットと同じ本能と感覚を持って生きています。でも、厳しい人間社会ではそんな〝自然なあなた〟を表現する場も少ないですし、動物的本能ばかり出していたら、社会から淘汰されたり搾取されてしまうかもしれません。あるがままにペットと接することで、自然と触れ合う時と同様に心身がリセッ

トされることが重要なのです。

現代人こそ、ペットと暮らしてほしい

だからペットを飼うことは楽しいのです。ペットを飼うというのは自然の良いモノをたくさん貰えるのと同じことです。そして、自分自身の置かれている位置を感じさせてくれて、自然なあなたを取り戻すことなのです。ペットを飼うことは、すべての出来事を寛大にすることなのです。そして、そばにいるだけで癒やされていることを実感するはずです。

ペットが飼い主に与える一番の「宝物」は愛情だと思います。現代社会では得難い無償の愛情というものをもたらしてくれます。私が家に帰って、あれほど喜んで迎えてくれるのはペットだけです。家族も心では多少なりとも嬉しく思ってくれているかもしれませんが、シッポを振って全身で喜んでくれる姿には、いつも感謝の気持ちでいっぱいです。

ペットを飼うことはお金には換えられないのです。人間社会では得られないモノの詰まった宝箱といっても良いでしょう。だからこそひとりでも多くの人にペットと暮らしてほしいと主張したいのです。

ちょい悪（ワル）爺で行く

ビートたけし、こと北野武監督の最新作映画の「龍三と七人の子分たち」を観てきました。ヤクザ映画ということで、私は桜吹雪柄のハンチングに少し色のついたメガネをかけ、この映画に相応しいファッションで出かけました。元ヤクザの親分だったジイさんがオレオレ詐欺に引っかかって、昔の子分たちを集めて胴元の元暴走族の若いヤツらに仕返しをするという内容です。

副題に「年寄りよ、もっと不良になれ」とあったので、私はこの映画から学ぼうと思っていたのに、前作の「アウトレイジビヨンド」の「全員悪党」から脱し切れず、あまりに暴力的で、世の中の基準からはかけ離れた表現であり、学ぶものはありませんでした。ちょい悪爺さんを学びたかったのですが、そこには遊び心、すなわちユーモアがなくてはなりません。この映画のちょい悪爺さんはユーモアのない不良の領域に留まったままでした。

私が目指すのはユーモアのある不良です。うつ病患者が　万人という息苦しい現代社会で、ちょっとだけ心に風穴を開けるような高齢者でありたいと考えています。

そのためには、今だから挑戦できることをしたいと思っています。今が自分の人生で一番若い時です。チャレンジしてみたいと心が動いたことをやって、何歳であっても前進し続けたいと考えます。

私はかなり高齢になってから、大型バイクを日常的に利用するようになりました。子どもや妻からは「年甲斐もなく危ない」と口うるさくいわれましたが、それを振り切って乗り回す快感はたまりませんでした。

年寄りが若ぶって元気に見えるのではなく、年寄りこそ開き直ることができるから元気になるのではないか、と最近考えるようになりました。普通とは逆の考え方かもしれません。

発想の転換、そして好奇心を養うために、私はよく映画を観ます。割引サービスを使えば1,000円ちょっとで私に多くの情報を授けてくれます。現代もの、歴史ものから、空想、戦争、あらゆるジャンルがありますが、家で観てはいけません。映画館まで必ず出向くことに意義があります。

若松孝二映画監督のファン

映画に関しての話題ですが、２０１２年に若松孝二映画監督が亡くなりました。享年76でした。反骨精神の持ち主であり、既存の映画のあり方にいつも対抗意識を燃やした方でした。

私はここ1年、若松監督の「海燕ホテル・ブルー」、「キャタピラー」、「11・25自決の日三島由紀夫と若者たち」の3作品を、自宅近くにある横浜の下町の映画館で観ました。

若松監督は農業高校を中退して宮城から上京し、職人見習いや新聞配達、ヤクザの下働きなど、さまざまに経験します。１９５７年、チンピラ同士のいざこざから逮捕され、半年間、拘置所に拘禁され執行猶予付きの判決を受けます。この経験が後の反権力をテーマにした数々の作品を生み出すひとつの要因となります。

反骨精神と熱い情念に魅了

その後、また職を転々として、テレビ映画の助監督になりますが、ある現場でシナリオの改変に腹を立ててプロデューサーを殴り、その場でクビになります。その後ピンク映画の企画が巡ってきたことが転機となり、映画の助監督を経て、１９６３年「甘い罠」

でデビュー。65年、ベルリン国際映画祭で上映した「壁の中の秘事」で国辱騒動が巻き起こりましたが、めげることなく、その後もピンク映画という新しいジャンルで活躍されました。あの有名な大島渚の「愛のコリーダ」のプロデュースも手がけられました。

２０１０年の作品「キャタピラー」は、特に強烈に私の心に残っています。当時は杉本彩が主演するはずになっていたそうですが、シナリオに時間がかかり、いろいろな事情から、最終的に寺島しのぶに決まったそうです。

内容は戦争真っただ中、結婚したばかりの寺島しのぶの夫は召集令状が来てしまい、出征していくはめになります。地元の校長先生はじめ街の有力者、婦人部や家族までその出征を喜ぶのでした。お国のために立派に戦ってこいという大合唱です。

日本中どこでも同じような光景が繰り広げられていました。そして終戦を迎え、戦場から帰ってきた夫は、両脚を失い全身に負傷をしており、立つ事さえままならない状態です。

家では横たわっているが、たまに外に出る時は荷車に座らせて出ていくのでした。村人たちは立派に戦った彼に、そして彼の妻に賞賛の嵐です。献身的に仕える妻を演じる寺島しのぶ。食べさせる事、排泄、洗体のほか、夫はセックスを強要するのでした。妻・

寺島しのぶは全身でこれを受け止め、不憫な夫を満足させたのでした。介護のほか、性の処理までしなければなりません。ついに切れて、自暴自棄に陥り、強く夫にぶつかるシーンは見事なものでした。

単に人々のエロティシズムを刺激するだけの作品ではなく、人間社会の不条理さ、社会や国家に対する立派な反骨精神を描き上げた、強いメッセージ性のある作品でした。

私は若松監督の作品の魅力に惹かれていきました。三島由紀夫を描くドキュメンタリー風映画「11・25自決の日 三島由紀夫と若者たち」も興奮を覚えた作品です。映画を見た後、実際に三島が自決をした場所、市ヶ谷の防衛省の見学に行ってきました。三島由紀夫が立てこもった部屋、最後の演説に立ったベランダ、若者が三島を守るため外部侵入者を日本刀で追い払う時にできた壁の傷を見た時、熱いものが胸に込み上げてきました。ここには東京裁判が行われたホールもあり、当時はまだ私も幼かったのですが、東条英機などの姿かたちが私の記憶にはっきりよみがえりました。

こうした映画を観るために、家族や友人と連れ合って行くのもいいのですが、ふと空いた時間に、ひとりでふらっと訪れるのも格別です。昼間に行けばいつも空いていますから、どこにでも座れます。

大きなスクリーンと音響の素晴らしさ、帰りは役者になり切って、その余韻を感じながら、カフェに寄ってひとりで一杯のコーヒーを飲んだり、また、家に帰って妻と夕食をしながら、今日観た映画の感想を伝える幸せは、何ものにも代えがたいものです。

私の理想である「ちょい悪爺」の感度を高めるためにも、映画を観ながら時代を感じ、いつまでも心になまくらな刀でなく、尖った刃の部分を持ち続けながら、今日も動物のために、粉骨砕身の日々であります。

身体もちょい悪に

70代までは風邪をひいても気力で治してしまいましたが、寄る年波には逆らえず、近年、思いがけず病を得ることになりました。大腸がんです。私にとっては初の闘病体験でこれもまた、見方を変えたら大変面白かったと言ったら、スタッフや心配してくれた家族に叱られてしまいそうです。

私にとっては何事も初めてのことだらけで、本当に驚きと感心の連続でした。特に医療スタッフの細やかな気配りや、高度に発達した医療機器といったら、目をみはるばかり。獣医療の展示会や医療機器に関しては、それなりに足を運んで知っていたものの、人間分野に関しては知識が及ばず、体験して初めて知ることばかりでした。

そして、命の尊厳や不思議さも体験しました。私は手術後に他の臓器に影が見つかり、再手術の準備を進めていました。医者も検査技師もはっきり指摘したぐらいの影や数値だったので、確実にそこに「あった」のは間違いのない事実だったと思います。

その後、影の処置をするために再度検査をしたところ、それが影も形もなくなっていたのです。影繋がりの冗談を書いているわけではありません。医者もびっくりして、恐縮しきりでした。どうしてこんなにはっきりした影が数日で消えてしまうのか、わからないまま、私は病院から無罪放免で自宅静養となりました。

私も60年、動物医療に従事してきましたが、人間の身体や動物の命に関しては、わからないことだらけだと痛感させられました。そして、影を消してくれた神様のような大きな存在は、私にまだやるべき仕事や義務を果たしていないと、下界へと突き放したのではないかと考えるようになりました。まだ、動物のために役に立つことがあれば、体力と気力が続く限りやるべきだと、ちょい悪爺は考えているところなのです。

長年、動物福祉に関する活動をしてきましたが、今後も継続して動物たちのために何かできないかと考え、このほど一般社団法人兵藤哲夫アニマル基金を創設しました。

動物愛護・動物福祉活動を支援するための基金です。〝「動物愛」を集めてやさしい社会をつくる〟を合言葉に今後も動物のために活動していきたいと考えました。実際に動物福祉活動を行っている団体へ、医療相談、譲渡活動のサポートなどの支援を行っていく予定です。

〝「動物愛」を集めてやさしい社会をつくる〟を合言葉に、(1)動物愛護、動物福祉活動資金の助成、(2)動物愛護、動物福祉の普及啓もう活動に対する支援、(3)動物愛護、動物福祉活動に関する講演会、セミナー、勉強会の開催、(4)動物愛護、動物福祉功労者(個人・団体)への表彰、(5)災害時の支援助成金の給付、の五つの活動を考えております。

こうした活動を支えてくれている、家族やスタッフ、大切なペットの診療を任せてくれる飼い主さんと読者の皆さまに、感謝しつつ、読了ありがとうございました。

里親紹介ファイル

あとがき

新型コロナウイルスの問題で世界中が混沌とした闇に包まれています。失業率も高まっており、経済活動も低迷しています。これまでは当たり前だった日常生活が大きく変化してしまいました。

一刻も早く有効なワクチンが普及して、安心して生活できるようになってほしいと願ってますが、こうした過酷な現状の中でも、新たな発見があり、希望の光が見えてきました。

特にコロナ禍により、家族の絆がより深まり、ペットと過ごす時間の大切さが実感できるようになりました。ペットがくれる笑顔や感動が、私たちを明るく照らしてくれています。

ペットはコロナ禍でも私たちに寄り添い、いつも通りに接してくれています。自然で自由なペットを見ていると、前向きな気分にさせてくれます。米国の研究では、犬や猫、小鳥や小動物を飼育している家庭の子どもは、コロナによる悪い影響を受けにくいというニュースもありました。ペットの力は偉大です。コロナという闇を照らしてくれる一筋の光のひとつが、ペットなのです。

光もあれば闇もある。これまで60年、獣医療に携わってきた私も、こうした光と闇の中を、とつとつと歩んでまいりました。この本はその中で出会った人や、体験した出来事をまとめています。

もとは野生社が発刊するペットの業界紙「PETS REVIEW」に連載したものを編集してまとめたものです。原田隆社長には大変お世話になりました。この場をお借りして御礼申し上げます。

今後は臨床獣医師の仕事から、動物福祉に関する仕事へと少しづつシフトしていこうと考え、新たに一般社団法人兵藤哲夫アニマル基金を立ち上げました。「動

物愛」を集めて、やさしい社会をつくるのが、これからの目標です。
さらに、最後までお読みいただいた読者の皆さまに感謝するとともに、いつも私をフォローしてくれた病院スタッフ、家族、そして大勢の飼い主さんにも、改めて御礼申し上げます。ありがとうございました。皆さまの支えがなかったら、成し得なかったことばかりです。これからは私自身がいただいた皆さまからの御恩を、動物福祉活動を通じてお返ししていく所存です。感謝、深謝。

二〇二〇年

兵藤　哲夫

著者プロフィル

兵藤 哲夫（ひょうどう・てつお）

1939年、静岡県生まれ。麻布大学獣医学科卒業。63年、横浜市にて兵藤動物病院を開設、院長を務める。現在、院長は後進に譲り、ヒョウドウアニマルケア代表として日本動物福祉協会理事、神奈川県動物愛護協会顧問、横浜市獣医師会前理事。元環境省動物愛護部会審議委員。横浜市人と動物との共生推進よこはま協議会委員、横浜愛犬美容学校講師。その他（一般）兵藤哲夫アニマル基金代表理事

兵藤動物病院　〒241-0826　横浜市旭区東希望が丘14-9

TEL.045（364）1367　公式サイトはhttp://www.hyodo-a.com

兵藤動物病院

本院

横浜市旭区東希望が丘14-9　TEL.045（364）1367

保土ケ谷橋

横浜市保土ケ谷区岩井町47　TEL.045（743）4034

いずみ中央

横浜市泉区和泉町4734-7　TEL.045（803）1103

瀬谷

横浜市瀬谷区下瀬谷2-20-8　TEL.045（301）8468

獣医業60年 ✚ 動物病院119番 感謝

2021年3月22日　　初版発行

著 者　兵藤　哲夫

発 行　神奈川新聞社
〒231-8445　横浜市中区太田町2-23
電話　045（227）0850

ISBN 978-4-87645-616-1 C0045